TRATAMENTO DE EFLUENTES NAS INDÚSTRIAS DE PAPEL E CELULOSE

ALGUNS CONCEITOS BÁSICOS E CONDIÇÕES OPERACIONAIS

David Charles Meissner

Novembro 2017

SUMÁRIO

AGRADECIMENTOS

Em primeiro lugar gostaria de agradecer os amigos e colegas com quem tive a oportunidade e prazer de trabalhar ao longo de muitos anos. Graças a eles, pude enriquecer meus conhecimentos sobre os diversos processos de tratamento de efluentes nas indústrias de papel e celulose em Brasil. Portanto, seguem os meus agradecimentos aos amigos, aos engenheiros, técnicos e operadores que contribuíram com seus conhecimentos para a realização desse projeto, em especial:

- Aos colegas da Fibria Celulose S.A.;
- Aos colegas da Centroprojekt do Brasil S/A;
- Aos colegas do Comissão Técnica de Meio Ambiente da ABTCP
- Ao site CeluloseOnline e;
- A todos os engenheiros, técnicos e operadores das ETEs que trabalham em indústrias de papel e celulose na América Latina.

Finalmente, gostaria de agradecer a minha esposa Wanda Maleronka, especialmente por ter me incentivado a escrever os artigos que agora se transformam em livro.

PREFÁCIO

A razão principal de reunir os artigos que escrevi ao longo do ano de 2015 para o site CeluloseOnline, agrupando-os em formato de um livro, tem como objetivo permitir que os diversos temas tratados pudessem servir como ponto de partida e orientação inicial para os profissionais que atuam nas estações de tratamento de efluentes nas indústrias de papel e celulose. É preciso destacar que os artigos foram escritos com o propósito de analisar alguns dos principais processos e problemas que ocorrem em estações de tratamento de efluentes. Espero que o conjunto de temas tratados nos artigos contribua com o trabalho dos engenheiros, técnicos e operadores que atuam, tanto nos escritórios como nas áreas operacionais das fábricas de papel e celulose

Gostaria de destacar que atuo na área de controle ambiental há 40 anos. Acredito que minha formação no ensino superior como químico, e mais de 24 anos de experiências e envolvimento nos principais problemas operacionais que ocorrem nas estações de tratamento de efluentes, possibilitam indicar caminhos que possam contribuir com o encaminhamento de soluções para aos temas aos quais venho me especializando, como:

- Desenvolvimento de projetos e operações em estações de tratamento de efluentes;
- Sistema de lodos ativados;
- Dimensionamento do reator biológico;
- Princípios básicos da aeração;
- Dimensionamento de sistemas de aeração;
- Diagnóstico de problemas operacionais das ETEs e contribuições para a solução dos problemas encontrados;

Embora eu não atue de forma regular e fixa para uma indústria, mantenho-me permanentemente ocupado. Com minha empresa de consultoria, (DCMEvergreen Assessoria Ambiental) desenvolvo diversos tipos de projetos na área do meio ambiente. A partir de minhas experiências profissionais, ao longo de décadas, na área da indústria de papel e celulose e de estudos regulares, particularmente sobre projetos e operações em estações de tratamento de efluentes, escrevo artigos para sites e diversas publicações.

Finalmente, gostaria de acrescentar que o presente trabalho representa o meu desejo de continuar participando e contribuindo com projetos que fortaleçam a indústria de papel e celulose, encaminhando soluções em defesa do meio ambiente.

David Charles Meissner

novembro 2017

A Importância de Oxigênio: Parte 1

INTRODUÇÃO

A proposta do presente trabalho consiste em explicar a necessidade de fornecer, monitorar e controlar a quantidade de oxigênio em uma estação de tratamento de efluentes. Para essa explicação parte-se de experiências profissionais do autor, bem como de indicações de outros estudos. Os assuntos não serão tratados de forma exaustiva, nem com detalhes excessivamente acadêmicos. Pretende-se apresentar os problemas típicos encontrados por operadores e engenheiros em seu trabalho diário, dentro das estações de tratamento de efluentes, nas indústrias de papel e celulose. As explicações estão centradas em quatro fatores operacionais, que são considerados vitais em uma estação de tratamento de efluentes, como, a saber: (a) o controle, a concentração e o fornecimento de oxigênio; (b) o controle, a concentração e o fornecimento dos nutrientes, (c) o controle do pH, e (d) o controle da temperatura.

A importância de oxigênio na operação das estações de tratamento de efluentes de lodo ativado

Um dos aspectos mais problemáticos na condução adequada de uma estação de tratamento de efluentes de lodo ativado relaciona-se às quantidades de oxigênio exigidas para a sua operação e que se encontram disponíveis na mesma. Em relação a essa questão a bibliografia é bastante ampla. Entretanto, aqui não será analisado de forma abrangente o conjunto de estudos efetuados por pesquisadores e que se encontram disponíveis, tanto pela mídia impressa, como pela Web. De forma muito sucinta, serão destacadas algumas referências consideradas importantes para a análise proposta. As referências (citadas abaixo) tratam de estações de tratamento de efluentes de forma bastante abrangente. Entretanto, elas contêm informações que contribuem para entender os problemas e possíveis causas que poderiam levar um operador ou engenheiro a encontrar dificuldades operacionais em seu trabalho diário. Seguem as mencionadas referências:

1. Wastewater Engineering: Treatment and Resource Recovery, Metcalf & Eddy, Inc., George Tchobanoglous, H. David Stensel, Ryujiro Tsuchihashi, Franklin Burton, McGraw-Hill Education, 3 de set de 2013 - 2048 páginas.
2. Manual on the Causes and Control of Activated Sludge Bulking an Foaming, D. Jenkins, M. G. Richard, G. T. Daigger, Water Research Commission, 1986.
3. Biological Wastewater Treatment, C. P. Leslie Grady, Glen T. Daigger, Nancy G. Love, Carlos D. M. Filipe IWA Publishing, 1 de jan de 2011 - 991 páginas.
4. Aplicações da Biotecnologia em Processos Ambientais da Fabricação de Celulose Kraft e de Papel de Eucalipto: Processos Aeróbicos por Lodos Ativados para Tratamento de Efluentes, Capitulo PT34, Celso Foelkel, http://eucalyptus.com.br/eucaliptos/PT34_Lodos_Ativados.pdf

Um processo de tratamento de efluentes por lodos ativados ou em lagoas de aeração implica no fornecimento e na mistura de ar ou, eventualmente de oxigênio elementar ao efluente. Os sólidos suspensos em uma estação de tratamento de efluentes são compostos de flocos de bactéria e outros micróbios, protozoários, entre outras matérias inativas. Os sólidos, ou mais genericamente o lodo, são compostos em parte, de seres vivos, e, portanto, necessitam de oxigênio para sobreviver. Então, serão considerados alguns dos principais aspectos que se relacionam entre o oxigênio e os sólidos que se encontram num tanque de aeração ou lagoa. Entre os mais importantes destaca-se:

A sequência de transferência de oxigênio:

Num sistema de tratamento de efluentes aeróbicos (lagoas ou tanques, com aeração facultativa ou forçada) são "criados" seres vivos dentro e como parte dos próprios flocos, com a finalidade de que eles "comam" a poluição contida no efluente. Deve-se manter em mente a sequência básica de transferência de oxigênio, que resumidamente consiste em:

- A passagem do oxigênio no ar para dentro do efluente (dissolução de um gás num liquido);
- A passagem do oxigênio no efluente para dentro do floco (transferência de um gás num liquido para dentro de um sólido);
- A passagem do oxigênio no floco para dentro da bactéria ou outro micróbio, (transferência de um gás num sólido para dentro de outro sólido) onde a "oxidação" dos poluentes efetivamente se inicia.

A medição de Oxigênio:

Pretende-se tornar evidente o quanto é importante que seja fornecido ar, ou melhor, oxigênio que está dentro do ar, para o efluente de forma suficiente. Para garantir que seja fornecida à quantidade suficiente de oxigênio, é necessário medir e monitorar a concentração residual de oxigênio (OD ou oxigênio dissolvido) na estação.

Normalmente essa concentração de oxigênio residual presente no efluente é medida e o seu resultado se expressa numericamente em miligramas de O_2/l da amostra. A maneira de medir a concentração residual de oxigênio e a eventual coleta da uma amostra para sua avaliação não constitui em operações muito simples de se executar. É necessária uma atenção especial a este processo de medição para se obter valores confiáveis. Pretende-se voltar a esse assunto mais para frente.

Neste sentido, mantendo uma concentração residual de oxigênio dissolvido (a DO) dentro do efluente em excesso, garante-se que a microbiota que está dentro do lodo terá oxigênio suficiente e não estará se "sufocando"!

CONCLUSÕES

Em resumo e de forma muito sucinta e simples, espera-se ter explicado a necessidade de fornecer, monitorar e controlar a quantidade de oxigênio em uma estação de tratamento de efluentes.

Na parte 2, pretende-se analisar questões como: "Quanto oxigênio é necessário?" e "Como saber que está faltando ar ou oxigênio em uma estação de tratamento de efluentes?".

A Importância de Oxigênio: Parte 2

INTRODUÇÃO

Na parte 1 desta exposição, explicou-se o quanto é importante à necessidade de fornecer, monitorar e controlar a quantidade de oxigênio em uma estação de tratamento de efluentes.

Agora na parte 2, pretende-se abordar algumas questões como: "Qual é a quantidade necessária de oxigênio em uma estação de tratamento de efluentes?" e "Como saber que está faltando ar ou oxigênio em uma estação de tratamento de efluentes?".

Quanto oxigênio é necessário?

Existe uma demanda de oxigênio que vem do processo do consumo ou oxidação do material orgânico, e, eventualmente um crédito de oxigênio que vem do processo de desnitrificação. Tanto essa demanda como esse crédito de oxigênio frequentemente são utilizados para estimar o valor de oxigênio <u>mínimo</u> necessário no processo de oxidação do material orgânico e a despoluição de um efluente.

Demanda Química de Oxigênio:

A DQO é um número que resulta de um ensaio <u>químico</u> executado em uma amostra do efluente em um laboratório analítico. O resultado é expresso como miligramas de oxigênio consumidos quimicamente por litro da amostra. Existem variações no método analítico que podem gerar resultados diferentes, mas o método frequentemente utilizado é a DQO_t, ou Demanda Química de Oxigênio total, onde a amostra não é filtrada antes da análise.

Demanda Biológica de Oxigênio:

A DBO é um número que resulta de um ensaio <u>biológico</u> executado em uma amostra do efluente num laboratório analítico. O resultado é expresso como miligramas de oxigênio consumidos biologicamente por litro da amostra. Tal como a DQO para o ensaio de DBO existe variações no método analítico que podem gerar resultados diferentes, mas o método frequentemente utilizado é a DBO_5 ou Demanda Biológica de Oxigênio. Neste caso o consumo de oxigênio é quantificado na amostra sem filtragem prévia, e sendo realizado após de cinco dias de incubação.

Ressalta-se que pela natureza dos métodos analíticos, para a mesma amostra, o valor da DQO sempre será maior do que o valor da DBO. Também, o erro analítico implícito nos métodos é bem diferente, sendo que um resultado de um valor de DQO é muito mais preciso do que um valor de DBO.

Cargas:

É importante lembrar que para responder à pergunta de quanto oxigênio é necessário, é também preciso calcular as cargas da DQO e DBO. Não é suficiente utilizar somente as medições de concentração da DQO ou da DBO que estão contidas no efluente. O cálculo das cargas da DQO ou da DBO é relativamente simples, somente sendo necessária a multiplicação da vazão do efluente pelas respectivas concentrações, como no exemplo a seguir:

[**X** m⊠ de efluente/hora ∗ **Y** mg DQO/litro de efluente] / 1000 = **Z** Kg DQO/hora

Neste caso, deve ser enfatizado que uma correta quantificação da vazão também é necessária a fim de evitar eventuais distorções nos resultados.

Outras considerações referentes à quantidade necessária de oxigênio e / ou ar:

A empresa Environmental Dynamics Inc. disponibiliza pela internet artigos técnicos interessantes sobre esse assunto, além de outras ferramentas que facilitam a estimativa da quantidade de oxigênio necessário; http://www.wastewater.com/about-us/tech-bulletins. Indica-se particularmente, seus boletins técnicos n° 134 e 135. A empresa Stamford Scientific International Inc. também disponibiliza informações e ferramentas interessantes; http://www.stamfordscientific.com/oandmmanuals.html. Pretende-se voltar a essas informações e ao assunto sobre a quantidade de oxigênio necessário em processo de tratamento de efluentes, em um capítulo futuro.

Caso de excesso S^{-2}:

A título de exemplificar a necessidade de medir e acompanhar as variáveis de DQO e DBO pode-se citar um caso de contaminação por perda acidental ou não, do composto químico hidrossulfeto de sódio no efluente. Poderá existir uma concentração alta e anormal de hidrossulfeto, mesmo após o ajuste do pH do efluente. O composto hidrossulfeto é de fácil oxidação química e a relação entre os valores da DQO e DBO no efluente mudará. Ao entrar no tanque de aeração, o efluente contaminado com este excesso de hidrossulfeto, gerará um consumo anormal de oxigênio, logo no início do tanque. E pior, este fato poderá criar uma insuficiência de oxigênio, justamente onde às bactérias estão crescendo rapidamente e necessitam de muito oxigênio. Neste caso poderá ocorrer uma instabilidade biológica significante na estação de tratamento!

Excesso de oxigênio é necessário – mais quanto e onde?

Pode-se estimar o mínimo de oxigênio que é necessário em uma estação de tratamento. Entretanto, para a estação operar adequadamente ela necessita de uma quantidade de oxigênio em excesso. Mas quanto de excesso (medido como mg DO/l) é necessário, e onde precisa-se monitorar e controlar este excesso? Pelos estudos e experiências do autor, não existem respostas precisas e fáceis para essa questão. Sem considerar os aspectos biológicos, poder-se-ia pensar que uma alta concentração residual de oxigênio numa estação de tratamento de efluentes não traria problemas. Mas, na realidade, essa questão não é tão simples assim. Os valores ótimos de oxigênio dissolvidos residuais (DO) nos vários pontos do sistema de aeração dependerão dos detalhes do projeto original, das condições operacionais e da qualidade do efluente.

Neste sentido, cada caso é um caso. Porém, sabe-se que existem algumas faixas usuais para controlar a concentração residual de oxigênio em uma operação diária. Essas faixas podem servir como um ponto inicial para melhorar o controle de uma estação, ajudando a resolver vários tipos de problemas, e até eventualmente contribuir para uma redução do consumo de energia na estação de tratamento. Pode-se demarcar essas faixas da seguinte forma:

No início dos tanques de aeração:

Nos tanques de aeração de sistemas de lodo ativado convencional a faixa de concentração de OD normalmente utilizada é entre 2,5 e 3,5 mg OD/l. Numa estação de lodo ativado com seletor e aeração prolongado, a concentração utilizada pode ser menor, entre 2,0 e 2,5 mg OD/l. Numa estação de lodo ativado do tipo Attisholz, a concentração de OD no tanque do primeiro estágio pode ser ainda menor, entre 0,5 e 1,0 mg OD/l, mas também pode ser maior, entre 2,0 e 2,5 mg OD/l. Segundo alguns especialistas, não é recomendado operar com um OD entre os valores de 1 e 2. Porém, na prática, se reconhece que algumas estações tipo Attisholz conseguiram funcionar bem nesta faixa.

Na entrada dos clarificadores secundários:

Nos vários tipos de estações de tratamento de efluentes, uma faixa de OD residual entre 2,5 e 3,5 mg OD/l é considerada ideal, e o valor máximo é de 4 mg OD/l.

No efluente tratado e lançado no rio:

O valor final da concentração de OD no efluente tratado pode estar presente como parte de uma exigência legal para a licença de instalação e para a operação da planta. Portanto, o valor de OD residual necessário, embora dependa das condições operacionais da estação, não pode ser otimizado. Todavia, um valor residual de OD maior de 1 mg OD/l frequentemente é considerado suficiente.

Como saber que está faltando ar ou oxigênio numa estação de tratamento de efluentes?

Entende-se que existem quatro formas para averiguar a falta de oxigênio:

1. A primeira forma pode ser por meio da simples observação de falhas mecânicas, tal como perceber uma mangueira quebrada;
2. A segunda forma pode ser por meio da constatação de uma queda na concentração do oxigênio residual (OD) ao longo do sistema de aeração;
3. A terceira forma pode ser por meio da observação da redução na porcentagem da eficiência na remoção da DBO ou DQO, ou pelo acompanhamento eventual do aumento destes valores na saída da estação de tratamento, tanto de forma nominal, quanto dos valores da carga.

4. E finalmente, a quarta forma pode ser pela observação das análises físico-químicas e modificações microscópicas na qualidade do lodo que está sendo gerado.

Sem pretensões de apresentar uma lista exaustiva, seguem duas das causas possíveis para que uma estação de tratamento apresente falta de oxigênio:

Existe um excesso de consumo de oxigênio:

- Devido a um aumento maior do que o normal e / ou do valor do projeto da carga da DQO e / ou da DBO_5 no efluente bruto (por causa de perdas anormais no processo fabril ou na geração do efluente com uma qualidade maior do que o valor do projeto);
- Devido à presença de um excesso de massa biológica (lodo) no tanque de aeração por razões, por exemplo, do descarte do excesso do lodo que se encontra fora do controle.

Existe uma insuficiência no fornecimento de oxigênio:

Às vezes é difícil de saber se está faltando oxigênio numa estação, outras vezes pode ser mais fácil. Da forma preliminar, é possível listar algumas possibilidades que podem ser consideradas na avaliação desta deficiência:

- Aeradores quebrados;
- Sopradores quebrados;
- Difusores / membranas quebradas ou entupidas;
- Os instrumentos de medição da OD não se encontram bem calibrados.

Pretende-se voltar a detalhar algumas destas situações nos próximos capítulos.

CONCLUSÕES

No presente estudo apontou-se que para minimizar os problemas em uma estação de tratamento de efluentes será necessário quantificar a quantidade de DQO e DBO, tanto em concentração, quanto expresso como carga no efluente. E, também se destacou que é necessário acompanhar a concentração do oxigênio residual (OD) no efluente ao longo do processo de aeração da estação.

Espera-se que as respostas, mesma que de forma resumida, para as perguntas postuladas ajudem os leitores a entender um pouco mais sobre essa questão tão importante na operação de uma estação de tratamento de efluentes. Deve-se retornar a essas questões no futuro.

Dosagem de Nutrientes – Parte 1

INTRODUÇÃO

Quais são os produtos químicos que agem como nutrientes num sistema que é cheio de vida e onde acontece a criação de bactérias e outros seres microbiológicos? Para responder, inicialmente a essa questão poderia se dizer que são dois os principais produtos químicos que agem como nutrientes num sistema que é cheio de vida: o nitrogênio e o fósforo. Também, existem outros produtos químicos chamados micronutrientes, que agem em concentrações muito baixas e que não serão tratados no presente trabalho. Pretende-se focar somente nas variações macro das concentrações destes dois nutrientes: o nitrogênio e o fósforo. Nas estações de tratamento de efluentes das indústrias de papel e celulose, poucas vezes é necessário considerar os processos de nitrificação e desnitrificação.

Nitrogênio (N) na sua forma elementar é um gás bastante inerte quimicamente. No seu estado físico de gás ele não é muito importante para o tratamento de efluentes. Os mais importantes compostos de nitrogênio relacionados ao tratamento de efluentes são:

- Íons Amoniacais – NH_4^+;
- Íons Nitrato – NO_3^-;
- Íons Nitrito – NO_2^-;
- Compostos Orgânicos com N incorporado (Kjeldahl) - TNK.

O leitor poderá consultar as seguintes referências bibliográficas sobre o nitrogênio: 1) Standard Methods for the Examination of Water and Wastewater, edição 20, 4500-N NITROGEN*# (182); 2) http://en.wikipedia.org/wiki/Nitrogen e 3) http://en.wikipedia.org/wiki/Nitrogen_cycle#Wastewater_treatment

Fósforo (P) na sua forma elementar é um sólido altamente reativo e nesta forma elementar não existe no mundo naturalmente. Os mais importantes compostos de fósforo utilizados para o tratamento de efluentes são:

- Íons Fosfato - PO_4^{3-};
- Fósforo, total – expresso com P;

O leitor poderá consultar as seguintes referências bibliográficas sobre o fósforo: 1) Standard Methods for the Examination of Water and Wastewater, edição 20, 4500-P PHOSPHORUS*#(204)   e
http://en.wikipedia.org/wiki/Phosphorus#Oxoacids_of_phosphorus e

Com base na formação acadêmica do autor como químico, e pelas suas experiências profissionais, o leitor poderia pensar que ele domina este assunto com tranquilidade. Mas deve ficar claro, que as questões relacionadas à dosagem de nutrientes sempre exigem muitos cuidados. Porém, existem muitas referências bibliográficas e outras informações adicionais que podem contribuir para um melhor acerto, no que diz respeito a essa questão. De forma operacional, entende-se que os problemas frequentemente encontrados, não são de solução muito difícil ou excepcional. Na primeira e segunda parte do presente trabalho procura-se dar algumas contribuições referentes aos nutrientes químicos empregados no tratamento de efluentes.

A importância de nutrientes na operação das estações de tratamento de efluentes de lodo ativado

De modo similar ao que já foi constatado em outro trabalho, onde se abordou a necessidade da presença de oxigênio no tratamento de efluentes, uma concentração mínima de nutrientes também é importante. Os sólidos suspensos em uma estação de tratamento de efluentes são compostos de flocos de bactéria e outros micróbios, protozoários, entre outras matérias inativas. Os sólidos, ou mais genericamente o lodo, são compostos em parte, de seres vivos, e, portanto, também necessitam de nutrientes para crescer e sobreviver. Neste sentido, a seguir serão considerados alguns dos principais aspectos que se relacionam entre a concentração dos dois nutrientes: Nitrogênio e o Fósforo e a quantidade dos sólidos que se encontram num tanque de aeração ou lagoa.

Relação N: P: A relação entre as quantidades de Nitrogênio, N, e de Fósforo, P, é chamada da relação Redfield e foi descoberta por Alfred Redfield em 1934. Essa relação é um valor fixo de dezesseis partes de N para uma parte de P, e se relaciona as necessidades biológicas básicas dos seres vivos. De fato, essa relação também pode incluir o elemento Carbono, C, onde se obtém a relação C: N: P de 106: 16: 1. Embora essa relação se baseie principalmente na microbiologia e química da vida marítima, ela é útil também nos casos onde as concentrações de um ou mais nutrientes poderão ser limitadas, como a exemplo de um sistema de tratamento de efluentes. http://en.wikipedia.org/wiki/Redfield_ratio

Nas estações de tratamento de efluentes das indústrias de papel e celulose do tipo de lodo ativado, normalmente existe a necessidade de fornecer quantidades adicionais de nutrientes, como de nitrogênio e fósforo. Existem produtores de adubos químicos que fornecem produtos com nitrogênio e fósforo, numa forma biologicamente ativa. Esses produtores de adubos químicos têm desenvolvido planilhas de cálculos que facilitam a estimativa da quantidade de produtos que deverão ser dosados na entrada da estação, com a finalidade de garantir uma quantidade suficiente de nitrogênio e fósforo. Um exemplo de uma planilha de cálculo pode ser consultado, no anexo deste trabalho.

Relação DBO_5: N: P: Esta relação é similar à relação acima, mas acrescenta a quantidade do poluente orgânico que já está no efluente. A relação DBO_5: N: P varia em função do tipo e projeto de uma estação de tratamento. Para sistemas do tipo de lodo ativado, essa relação varia de acordo com o ponto da coleta da amostra e com a idade do lodo que é mantido dentro do sistema. Nos sistemas de tratamento de lodo ativado das grandes fábricas de papel e celulose tradicionais, encontra-se uma relação de 100 DBO_5: 5 N: 1P. Quanto mais velho o lodo, mais mineralização do lodo irá acontecer, e mais nitrogênio e fósforos serão liberados para reutilização. Então para sistemas de lodo ativado com aeração prolongada e com idade de lodo elevada, encontra-se uma relação de DBO_5 100: N 3,5: P 0,5, ou até valores relativos menores para N e P.

Como foi observado anteriormente, com base na relação da concentração de DBO_5 e das concentrações de nitrogênio e fósforo, existe a necessidade de se adicionar estes nutrientes ao efluente bruto, para que o mesmo possa ser tratado por um processo de lodo ativado. Seguem alguns comentários quanto às diversas maneiras usuais de adicionar estes nutrientes, que se encontram aqui resumidos em forma de uma tabela.

Sistemas de dosagem dos nutrientes N e P, e algumas de suas vantagens e desvantagens:

	Forma da Dosagem	Vantagens	Desvantagens
1	Nitrogênio (ureia, como um sólido e com 46% N).	Economia nos custos do transporte e da estocagem do produto.	Necessidade de equipamento e mão de obra especial para preparar uma solução, a fim de que o nutriente possa ser dosado no efluente.
2	Nitrogênio (ureia, em uma solução concentrada e com 30% N).	Facilidade em dosar o produto no efluente.	Eventual maior custo (R$ N/ kg Ureia 100%) na compra da solução pronta.
3	Fósforo (ácido fosfórico concentrado industrial de 80% e com 23% P.)	Possibilita variar a dosagem independentemente da quantidade do nitrogênio a ser dosado.	Necessidade de equipamento e instalações especiais para que o nutriente pode ser dosado no efluente
4	Uma mistura de ácido fosfórico e ureia em solução e com uma relação fixa de concentração da cada nutriente (20 N / 4 P, ou 15 N / 3 P).	Maior facilidade em dosar os nutrientes no efluente e exigência de instalações físicas simples.	Eventual maior custo (R$ N/ kg Ureia 100%) na compra da solução pronta.

CONCLUSÕES

Em resumo e de forma muito sucinta e simples, espera-se ter explicado quais são os produtos químicos que agem como nutrientes, bem como as quantidades necessárias de nitrogênio e fósforo, e finalmente como eles podem ser dosados. Desta forma, o trabalho analisou os seguintes aspectos:

- Quais são os produtos químicos que agem como nutrientes;
- As quantidades necessárias de nitrogênio e de fósforo;

- E finalmente, a comparação entre alguns métodos relacionados às formas de como esses nutrientes podem ser dosados nos sistemas de tratamento de efluentes.

Na parte 2, pretende-se abordar assuntos relacionados aos aspectos analíticos e alguns problemas típicos que podem ocorrer na dosagem destes produtos.

Anexo

Memorial de Cálculo -

Cliente: Contato:
Data: Área:

Dados da Estação: Preencha os campos azuis para calcular
Vazão: 430 m³/h   consumo de bio-nutrientes
DBO: 2.052 mg/L
Concentração no Efluente:

Nitrogênio	Fósforo	
13,8	6,98	mg/L
5,92	3,00	kg/h
142	72	kg/dia

Relação Eleita

DBO	Nitrogênio	Fósforo
100	3,5	0,5

Demanda de Nutrientes:

DBO	Nitrogênio	Fósforo	
882	30,9	4,4	kg/h
21177	741	106	kg/dia
-	599	34	kg/dia

	N	P
Relação N/P Ideal	17,7	1

Opção	Fonte de Bio-Nutrientes		kg/dia	kg/mês
A	Nitrogênio/Fósforo	MISTURA 20/ 1,1	2995,9	89877
B	Nitrogênio/Fósforo	MISTURA 20/4	2995,9	89877
C	Nitrogênio	UREIA solução 30	1997,3	59918
	Fósforo	Ácido Fosfórico	147,3	4420
D	Nitrogênio	Uréia Granulada - kg/d	1302,6	39077
	Fósforo	Ácido Fosfórico- kg/d	147,3	4420
E	Nitrogênio/Fósforo	MAP Purificado	129,3	3880
	Nitrogênio	Uréia Granulada	1271,6	38149

2. Dosagem de Nutrientes – Parte 2

INTRODUÇÃO

Na parte 2, serão abordados os assuntos referentes aos seguintes aspectos:
- A química e a análises dos nutrientes N e P;
- Alguns problemas típicos que são relacionadas com os nutrientes N e P.

Alguns comentários sobre a química e as análises dos nutrientes N e P

A nomenclatura e siglas: com base nas experiências e dificuldades enfrentadas pelo autor, enfatiza-se o quanto é necessário tomar um máximo cuidado com esse assunto. É preciso deixar claro e explícito o tipo de amostra analisada (particularmente se foi analisada da forma "tal qual" ou foi previamente filtrada), o que foi analisado e como o resultado das análises foi expresso. É preciso lembrar que o autor em suas nas pesquisas, particularmente aquelas que realizou para escrever este artigo, encontrou muitas dificuldades em entender e expressar os números de forma correta e consistente. Para melhor esclarecer sobre esse assunto, o autor sugere além das referências já citadas na parte 1 deste trabalho, a leitura do artigo da CETESB http://www.cetesb.sp.gov.br/userfiles/file/agua/aguas-superficiais/aguas-interiores/variaveis/aguas/variaveis_quimicas/serie_de_nitrogenio.pdf.

NITROGÊNIO: A palavra nitrogênio pode ser utilizada com diversos sentidos. No presente trabalho é preciso explicitar como ele deve ser definido e utilizado no que diz respeito, ao tratamento de efluente. Seguem três formas de explicitar e quantificar a presença do nitrogênio em um efluente:

NH_4^+ – N (Inorgânico): Apesar da palavra "inorgânica", usa-se um valor expresso como o elemento nitrogênio na forma amoniacal para obter-se uma noção da disponibilidade de nitrogênio para fins biológicos ou "orgânicos". Normalmente, as análises deverão ser feitas utilizando amostras previamente filtradas. Por exemplo, para um resultado de nitrogênio amoniacal de 0,6 miligramas N/l, a amostra terá 0,77 {(18/14)*0,6} miligramas do íon NH_4^+ solúvel por litro da amostra filtrada, mas expressa em base de miligramas de nitrogênio, N.

TNK: Esta sigla refere-se ao uma medição de nitrogênio total utilizando o método analítico chamado Kjedhal. Normalmente as análises deverão ser feitas utilizando uma amostra na forma que foi coletada, ou seja, sem filtração prévia. Por exemplo, para um resultado de nitrogênio Kjedhal de 2,0 miligramas N/l, a amostra terá 2,0 miligramas do nitrogênio total por litro da amostra, e expressa em base de miligramas de nitrogênio, N.

N orgânico: Este valor é o mesmo do TNK. O nitrogênio orgânico é definido funcionalmente como sendo organicamente interligado no estado de oxidação tri negativo. Ele não inclui todos os compostos de nitrogênio orgânico. Analiticamente, nitrogênio orgânico e amônia podem ser determinados em conjunto e tem sido referido como "nitrogênio Kjeldahl", um termo que reflete a técnica utilizada em sua determinação. Nitrogênio orgânico inclui materiais naturais, tais como proteínas e peptídeos, ácidos nucleicos e ureia, além de muitos materiais orgânicos sintéticos. As concentrações de nitrogênio orgânico típicos variam de algumas centenas de microgramas por litro, em alguns lagos limpos para mais de 20 mg / L no esgoto bruto. Referência: Standard Methods – 4500-N A p. 902.

FÓSFORO: Em relação ao fósforo a descrição contida no Standard Methods é bastante útil para o entendimento, bem para o esclarecimento sobre o inter-relacionamento entre a nomenclatura e os métodos analíticos. Para tanto, sugere-se a referência bibliográfica: Standard Methods: 4500-P PHOSPHORUS*#(204) p 984. Com o ajuda do "Google Tradutor", segue uma tradução das partes desta referência que se entende serem mais relevantes.

As análises de fósforo incorporam de modo geral duas etapas processuais:

(a) A forma de conversão do elemento de fósforo de interesse, para a forma de ortofosfato dissolvida, e;

(b) A determinação colorimétrica do composto ortofosfato dissolvido.

A separação do fósforo nas suas diferentes formas é definida analiticamente, mas as diferenciações analíticas podem ser selecionadas de modo que elas permitam sua utilização para fins de interpretação.

Íons Fosfato - PO_4^{3-}: São denominadas como: fósforo reativo, fosfato inorgânico dissolvido ou simplesmente ortofosfato. São estes os fosfatos que respondem a testes colorimétricos sem hidrólise preliminar ou digestão oxidativa da amostra. Enquanto o fósforo reativo é em grande parte uma medida de ortofosfato, inevitavelmente uma pequena fração de um fosfato condensado presente é hidrolisada no procedimento. Fósforo reativo ocorre em ambas as formas dissolvidas e suspensas. Uma hidrólise ácida à temperatura da água fervente converte tanto os fosfatos dissolvidos quanto os fosfatos em forma de particulados condensados para a forma de ortofosfato dissolvido. A hidrólise liberta inevitavelmente algum fosfato a partir de compostos orgânicos, mas este pode ser reduzido a um mínimo por seleção escolhida quanto à força do ácido, do tempo de hidrólise e da temperatura. O termo "fósforo ácido hidrolisável" é o termo preferido em vez do termo "fosfato condensado" para esta fração.

As frações de fosfato e que são convertidos em ortofosfato somente pela oxidação destrutiva da matéria orgânica presente são consideradas como sendo fósforo "orgânico" ou "organicamente ligadas". A força da oxidação necessária para esta conversão depende da forma e, em certa medida, da quantidade de fósforo-orgânico presentes. Como nos casos do fósforo reativo e do fósforo ácido hidrolisável, o fósforo orgânico existe tanto nas frações dissolvidos, quanto as frações em suspensão.

Fósforo Total: O fósforo total, bem como as frações de fósforo dissolvido e suspenso, podem ser divididos nos três tipos de químicos: reativos, ácidos hidrolisáveis, e fósforo orgânico, conforme o método analítico utilizado e que foram descritos acima.

Alguns problemas típicos que podem ser encontrados nas operações das estações de tratamento de efluentes nas indústrias de celulose e papel.

1. A quantidade de nitrogênio e fósforo no efluente bruto:

As quantidades de nitrogênio e fósforo normalmente presentes no esgoto doméstico são significantemente maiores do que normalmente encontrados nos efluentes das indústrias de papel e celulose. Essa diferença impacta nos projetos e dimensionamento das estações, e também nas formas de operação. Aqui podem ser citados de forma resumida dois exemplos:

- **Esgoto doméstico:** No tratamento dos efluentes composto na maior parte de esgoto doméstico, normalmente existe a necessidade de incluir no projeto processos que permitem a redução do nitrogênio total, e às vezes de fósforo, no efluente tratado. O engenheiro projetista normalmente faz isso com o intuito de atender as demandas ambientais e legais. Os processos para reduzir a concentração de nitrogênio são chamados de nitrificação e desnitrificação. Estes processos são frequentemente utilizados em sequência. Para efluentes industriais brutos, os valores de nitrogênio são muito mais variados. E para as indústrias de papel e celulose em geral os valores são muitos menores e os processos de nitrificação e desnitrificação não são muito importantes.

Valores típicos para a concentração de nitrogênio e seus compostos em <u>esgotos domésticos brutos</u> encontram-se listados na tabela abaixo;

	Faixa (mg N/l)	Típico (mg N/l)
N total	35 – 60	45
N orgânico	15 – 25	20
Amônia – NH_4^+	20 – 35	25
Nitrito – NO_2^-	0	0
Nitrato – NO_3^-	0 – 2	0

Ref.: Lodos Ativados – Marcos Von Sperling, TREINAMENTO (abril 2011) slide n°

63

- **Efluente Industrial:** Como foi comentado na parte 1 deste assunto, frequentemente é muito reduzida à concentração de nitrogênio disponível para o crescimento biológico nas estações de tratamento de efluentes do tipo lodo ativado, comumente utilizado nas indústrias de papel e celulose. Tal fato ocorre devido à própria natureza do processo fabril de papel e celulose que faz com que exista uma insuficiência de nitrogênio e fósforo disponível na entrada do sistema tratamento biológico. Por tanto, o engenheiro projetista tem que prever um sistema de dosagem adequado para fornecer as quantidades adicionais necessárias.

2. Falhas no equipamento de dosagem:

Quando acontece uma falha mecânica numa bomba, por exemplo, deveria ser óbvia a necessidade de concertar a bomba. Mas, pode acontecer um entupimento em uma linha de dosagem dos nutrientes, de tal forma que não permita à dosagem de nutrientes suficientes para um crescimento correto das bactérias. Nesta situação, poderá acontecer uma desestabilização total da estação, acompanhada de uma redução na eficiência na remoção da carga de poluente, além de outros problemas, como o arraste de sólidos. Portanto, é necessário que o consumo de nutrientes seja acompanhado da forma regular e frequente. Este acompanhamento também deverá ser realizado em relação à carga de poluente entrando na estação.

Em uma situação inversa, poderá ocorrer uma dosagem excessiva de nutrientes; por exemplo, quando uma bomba dosadora se encontra mal calibrada. Embora isso não crie tantos problemas operacionais, tal fato poderá afetar a concentração de nutrientes no efluente tratado. Disto poderão resultar problemas legais e ambientais, além da elevação dos custos com a desnecessária dosagem de nutrientes. Portanto, é recomendável que as concentrações de nitrogênio e fósforo no efluente tratado sejam medidas e monitoradas de forma regular.

3. Variações na Idade do lodo e seu impacto na concentração dos nutrientes:

Também foi comentado na parte 1 deste tópico, que "para sistemas de lodo ativado com aeração prolongado e uma idade de lodo elevada, encontram-se uma relação de DBO_5 100: N 3,5: P 0,5, ou até valores relativos menores para N e P". Nesta situação pode-se deduzir que no caso em que a idade de lodo sofre uma variação excessiva, poderá ocorrer também uma variação nas demandas dos nutrientes. Estas variações poderão ocorrer para sistemas de lodo ativados normais e que operam com uma menor idade de lodo, mas os impactos serão menos perceptíveis. Outro exemplo pode ser mencionado em relação a uma estação de lodo ativado com aeração prolongada e que por uma razão qualquer, poderá ser necessária a redução do descarte do excesso de lodo biológico. Esta operação vai provocar um aumento na idade do lodo, e consequentemente uma tendência maior na mineralização do mesmo. Assim, neste caso, ainda mais nutrientes serão liberalizados e eles serão disponibilizados via o retorno do lodo para o início do sistema de aeração.

4. Problemas analíticos:

São muito variados os problemas analíticos relacionados à questão das quantidades e dosagem de nutrientes para as estações de tratamento de efluentes. Pretende-se tratar este assunto com mais detalhes no futuro. No momento, é preciso enfatizar a necessidade de coletar as amostras nos locais corretos e de forma adequada. Em certos pontos da amostragem, a coleta da uma amostra instantânea poderá ser suficiente. Em outros pontos da coleta, a utilização de um coletor de amostras automático é mais indicada. Como exemplo de um plano de amostragem e análise, segue uma tabela que resume as informações básicas que podem permitir a avaliação e acompanhamento da concentração dos nutrientes N e P, somente na saída de uma estação de tratamento de efluentes de lodo ativado.

LOCAL	PARÂMETRO		TIPO DA COLETA	FREQUÊNCIA da Análise	Referência ("Standard Methods")
Saída do clarificador secundário – (Efluente Tratado)	Nitrogênio Total Kjeldahl efluente tratado	Amostra sem filtração	Amostrador Automático – (6 coletas de 150ml a cada 10min. por 24H)	1 vez por semana	4500-N_{org} A e B ou C
	Nitrogênio amoniacal	Amostra filtrada		3 vezes por semana	4500-NH_3 A e E ou F
	Fósforo total efluente tratado	Amostra sem filtração		3 vezes por semana	4500 P

CONCLUSÕES

Em resumo e de forma muito sucinta e simples, espera-se ter explicado um pouco sobre a química dos nutrientes N e P em relação ao tratamento de efluentes. Também, procurou-se expor alguns problemas típicos que se encontram relacionadas com as concentrações necessárias destes nutrientes no tratamento de efluentes pelo processo de lodo ativado.

3. A Importância de Controlar o pH no Tratamento de Efluentes – Parte 1

INTRODUÇÃO

Neste trabalho pretende-se apresentar algumas ideias para que o leitor possa obter um melhor entendimento sobre a variável pH, e as formas como ela pode ser monitorada e controlada em uma estação de tratamento de efluentes. Entende-se que a variável pH em si não é tão complicada. Porém, para o autor, no conjunto com outras variáveis ela se torna difícil de entender. Portanto, espera-se que as informações que serão apresentadas a seguir não sejam simplificadas demais. Tenta-se incluir alguns estudos bibliográficos que podem servir como referência para que o leitor possa esclarecer suas eventuais dúvidas.

Para entender a importância de controlar o pH de um efluente antes de seu tratamento biológico, primeiro é preciso aprender o que é a variável pH e como ela é medida.

De forma sintética apresentam-se os tópicos que serão analisados nas duas partes do presente trabalho:

Parte 1 -:

- Algumas Definições e Conceitos Básicos
- Um exemplo simplificado de como se pode medir e controlar o pH

Parte 2:

- Por que é necessário controlar o pH?
- Qual é a faixa ideal de controle do pH na saída do tanque de neutralização?
- Alguns problemas e dificuldades no controle do pH na saída do tanque de neutralização.

Algumas Definições e Conceitos Básicos

O símbolo pH representa uma medição físico-química do potencial hidrogeniônico, que indica a acidez, neutralidade ou alcalinidade de uma solução aquosa. http://pt.wikipedia.org/wiki/PH

A medição de pH utiliza de uma escala logarítmica, por exemplo, uma mudança de um pH de 3 para 4, implica em 10 vezes menos íons (para ser exato, prótons) de H^+. Uma mudança no pH de 3 para 7 implica em uma concentração de íons H^+ 10.000 menor. Observa-se que quanto menor o valor numérico de pH 7, maior será a concentração de íons H^+. De modo contrário, quanto maior de 7 é o pH, maior será a concentração de íons OH^-.

Por exemplo, para uma solução com pH 7,0 encontra-se uma neutralidade total da solução e uma ausência completa de íons H^+ e de íons OH^-. Neste caso encontram-se somente água, H_2O.

Um instrumento chamado pHmetro http://pt.wikipedia.org/wiki/PHmetro é utilizado para quantificar a presença dos íons H^+ e de íons OH^-. No exemplo da solução com um pH 7, ocorre a pior situação para efetivar medições, pois, em essência o instrumento estará tentando medir "nada". Portanto, a medição de pH em uma solução na qual ela esteja próxima de 7 é muito mais difícil de medir, do que em uma solução de pH 3 ou de pH 10. Informações mais detalhadas podem ser encontradas na internet http://en.wikipedia.org/wiki/PH, http://proquimica.iqm.unicamp.br/acibas.htm.

Outro conceito importante no controle do pH é o que se chama "Sistema Tampão". Esse conceito explica o efeito que ocorre dentro de soluções ou suspensões, onde se encontram: "ácidos e bases fracas que limitam as variações do pH de um meio ao qual foram adicionados ácidos ou bases fortes." https://www.scribd.com/doc/31006164/Ph-e-Sistemas-Tampao. Outras informações podem ser encontradas nos trabalhos indicados a seguir: "pH e Tampões" http://web.unifoa.edu.br/portal/plano_aula/arquivos/04054/pH%20e%20Tamp%C3%B5es.pdf e na excelente referência do Professor Ivano Gebhardt Rolf Gutz http://www2.iq.usp.br/docente/gutz/curtipot/curtipot-i.xlsm.

Finalmente, o índice Langelier precisa ser levado em consideração. Sua definição consiste:

"El Índice de Langelier es un índice para calcular el caracter incrustante o agresivo del agua y tiene que ver con los diversos equilibrios en el agua del anhidrido carbónico, bicarbonato-carbonatos, el pH, la temperatura, la concentración de calcio y la salinidad total. Es importante para poder controlar la incrustación o la corrosión en las redes de distribución del agua ..... El Índice de Langelier se usa para determinar el equilibrio del agua:

Si el índice es 0: el agua está perfectamente equilibrada.

Si el índice es negativo: indica que el agua es corrosiva.

Si el índice es positivo: indica que el agua es incrustante." http://www.nordconsultors.es/indice-langelier.html

O índice Langelier é frequentemente utilizado no controle da água de alimentação de caldeiras. Em condições normais, este índice não é muito utilizado na operação de estações de tratamento de efluente nas indústrias de celulose. Todavia, é um conceito que também, pode ser útil no monitoramento e controle de efluentes e onde existem problemas de incrustações significativas.

Um exemplo simplificado de como se pode medir e controlar o pH

A seguir apresenta-se quatro figuras com o intuito de exemplificar um sistema de controle de pH, em uma planta moderna de celulose.

A primeira figura permite visualizar a localização dos tanques dentro de uma área de tratamento primário do efluente bruto.

Figura 1

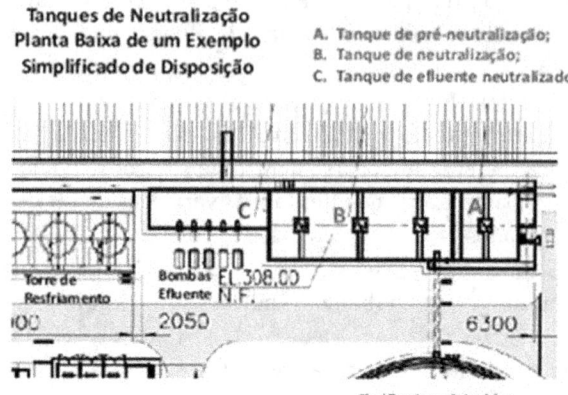

**Tanques de Neutralização
Planta Baixa de um Exemplo
Simplificado de Disposição**

A. Tanque de pré-neutralização;
B. Tanque de neutralização;
C. Tanque de efluente neutralizado;

Clarificadores Primários

A figura 2 permite a visualização das entradas, fluxos e saída do efluente ao longo dos tanques e a localização dos misturadores. Observa-se, que o efluente bruto da área de branqueamento entra no tanque A. Em geral ele é fortemente ácido. Este efluente já é resultado de um processo de filtração e, portanto, não deverá conter sólidos suspensos. Neste mesmo tanque A, o efluente bruto ácido sofre um processo de neutralização parcial, normalmente efetuado com leite de cal. O resto do efluente bruto da área fabril já clarificado entra no tanque B. Normalmente este efluente é alcalino, e ajuda na neutralização do efluente vindo do tanque A.

Figura 2

**Tanques de Neutralização e Sistema de Controle de pH
Croqui de um Exemplo Simplificado de Fluxo de Efluente**

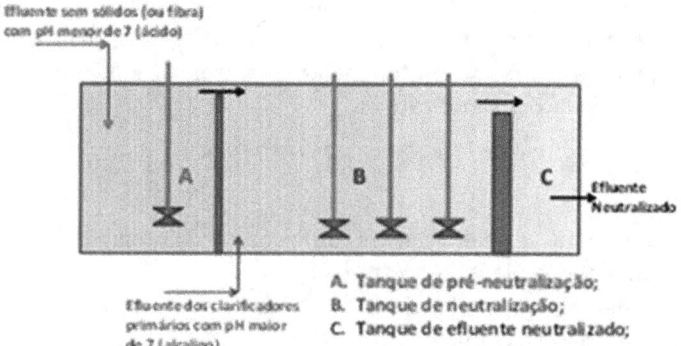

A. Tanque de pré-neutralização;
B. Tanque de neutralização;
C. Tanque de efluente neutralizado;

Na terceira figura pode ser visualizada a localização dos pontos de adição de leite de cal, soda caustica e ácido sulfúrico e suas válvulas automáticas. Observa-se que em condições normais de operação de plantas de celulose modernas, a balança iônica dos efluentes é tal, que não existe a necessidade de dosar o ácido sulfúrico. Porém, o uso deste ácido poderá ser necessário no caso de uma parada na área de branqueamento ou, eventualmente, quando acontecem perdas excessivas de álcali.

Figura 3

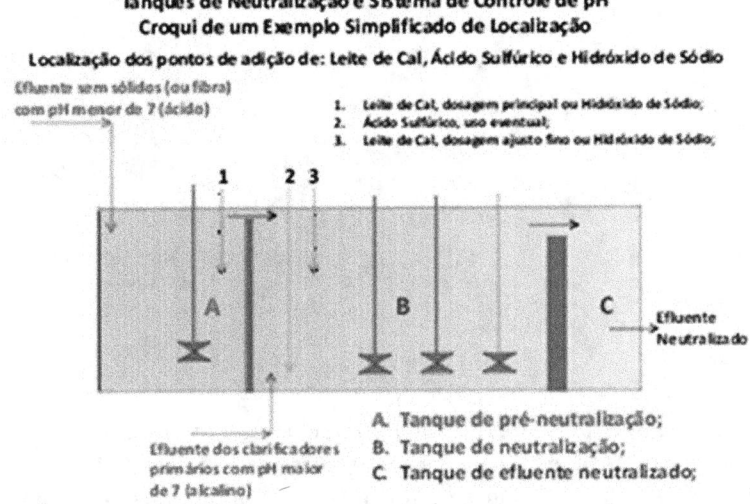

Tanques de Neutralização e Sistema de Controle de pH
Croqui de um Exemplo Simplificado de Localização

Localização dos pontos de adição de: Leite de Cal, Ácido Sulfúrico e Hidróxido de Sódio

A. Tanque de pré-neutralização;
B. Tanque de neutralização;
C. Tanque de efluente neutralizado;

Na quarta figura, a localização dos pontos de medição de pH pode ser visualizada. Normalmente, existe um sistema de monitoramento e controle de uma forma contínua entre os pontos de medição do pH e as válvulas automáticas de dosagem dos produtos como: o leite de cal, o hidróxido de soda e o ácido sulfúrico. É importante notar que o ponto de medição do pH do efluente neutralizado encontra-se localizado no final do tanque de neutralização, longe do ponto de adição normal do leite de cal. Isso se faz necessário para que o leite de cal (CaO em suspensão) tenha um tempo necessário para reagir com os ácidos presentes no efluente. Normalmente, um sistema deste tipo de controle de pH é automatizado e os ajustes são aplicados numa forma muito específica (caso a caso). Também, o controle é implementado de forma flexível, permitindo a intervenção dos operadores. Além de permitir a troca de leite de cal por hidróxido de soda ou até por ácido sulfúrico, as quantidades ao longo do tempo destes produtos poderão ser alteradas manualmente. Também, as faixas operacionais de controle do pH dentro dos tanques A e B poderão ser alteradas, conforme as exigências da situação da planta em questão.

Figura 4

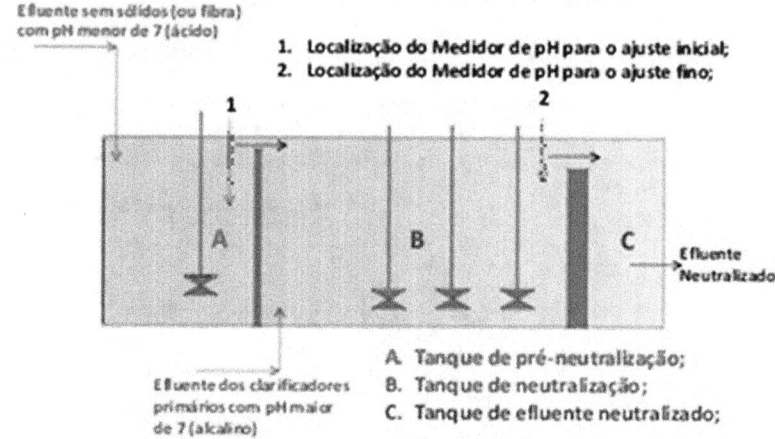

Tanques de Neutralização e Sistema de Controle de pH
Croqui de um Exemplo Simplificado de Localização
Localização dos pontos de medição e controle de pH

Efluente sem sólidos (ou fibra)
com pH menor de 7 (ácido)

1. Localização do Medidor de pH para o ajuste inicial;
2. Localização do Medidor de pH para o ajuste fino;

Efluente dos clarificadores
primários com pH maior
de 7 (alcalino)

A. Tanque de pré-neutralização;
B. Tanque de neutralização;
C. Tanque de efluente neutralizado;

CONCLUSÕES

Na parte 1, do presente trabalho foram apresentadas algumas definições e conceitos básicos, incluindo: o pH, pHmetro, Sistema Tampão, e o índice Langelier.

Foi demonstrado por meio de um exemplo simplificado como se pode medir e controlar o pH. Discutiu-se, também, um sistema para a neutralização de efluentes como parte do tratamento primário de uma estação de tratamento de efluentes em uma fábrica de celulose moderna. Foram localizados de forma esquemática as entradas e as saídas dos vários tanques, incluindo as misturadoras que compõe o sistema de neutralização. Esquematicamente, foram indicados os pontos de adição dos produtos químicos e a localização dos medidores de pH

Anexo

Foto de um "tanque de efluente neutralizado" e um "tanque de neutralização".

3. A Importância de Controlar o pH no Tratamento de Efluentes - Parte 2

INTRODUÇÃO

Nesta parte 2 serão tratados os assuntos:

- Por que é necessário controlar o pH?
- Qual é a faixa ideal de controle do pH na saída do tanque de neutralização?
- Alguns problemas e dificuldades no controle do pH na saída do tanque de neutralização.

Por que é necessário controlar o pH?

Na operação diária de uma estação de tratamento de efluentes, particularmente numa fábrica de celulose, é possível identificar duas razões principais que impõe a necessidade de controlar o pH do efluente.

1. A razão mais óbvia é que a vida e o crescimento das bactérias no tratamento secundário é muito sensível a variações de pH. A vida comum que conhecemos somente existe numa faixa estreita e perto da neutralidade.[1] "A faixa ideal do pH no sangue humano está entre 7,36 e 7,42."[1] A mesma faixa é aplicável para as estações de tratamentos biológicos. Portanto, o ideal seria manter o pH controlado nessa faixa para permitir o crescimento das bactérias nos tanques de aeração. Assim, essas bactérias e a flora biológica vão se alimentar e crescer utilizando a carga orgânica que entra nas estações de tratamento.

2. Outra razão é mais difícil de perceber do que no item anterior, pois ela está relacionada aos aspectos ligados a corrosão e incrustação dentro da estação.

- CORROSÃO:

Podem ocorrer corrosão e desgaste nos tanques de concreto e sistemas que não se encontram preparados para entrar em contato com efluentes muito ácidos ou básicos. Os efeitos de degradação no contato dos equipamentos com efluente muito ácido ou alcalino não são imediatamente visíveis, mas ao longo do tempo aparecerão problemas que aumentam a necessidade de manutenção. Percebe-se que a corrosão ocorre, mesmo quando o pH do efluente encontra-se aparentemente controlado e em áreas que não entram diretamente em contato com o efluente. Esse fato se deve as altas concentrações de sais inorgânicos e a presença de oxigênio. Valores de pH fora de uma faixa de 6 a 8 somente vão acelerar essa corrosão. Seguem algumas fotos exemplares deste tipo de problema:

- INCRUSTAÇÃO:

Incrustações e depósitos de sólidos podem ocorrer em vários locais, e nem sempre eles são facilmente identificados. Os depósitos frequentemente são de carbonato de cálcio em uma forma dura e pouco solúvel, similar à incrustação que ocorre em caldeiras.

"A característica de incrustação por carbonato de cálcio é muito semelhante para a química necessária para a manutenção adequada de água de caldeira e de tratamento utilizando o Índice Langelier para água limpa. Uma vez que o índice está corretamente ajustado em relação com o pH, alcalinidade, o carbonato de cálcio irá permanecer em solução e a água será estável, isto é, sem precipitado de carbonato de cálcio." [1]

Essa incrustação pode ocorrer dentro das caneletas e de tubulações como pode ser visualizado nas fotos apresentadas a seguir:

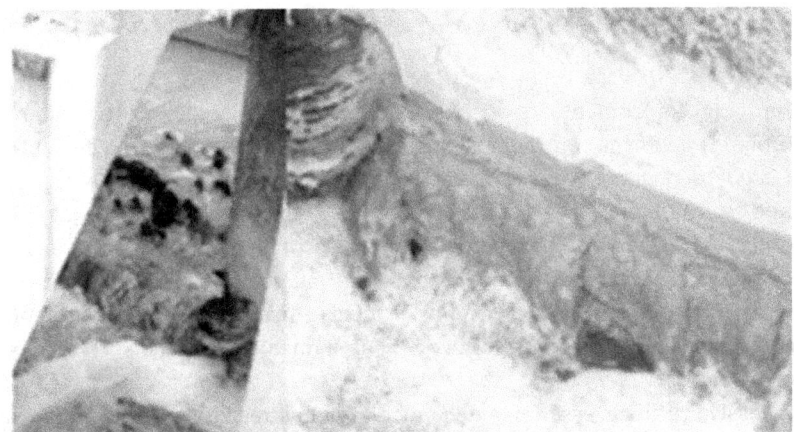

Também a incrustação pode ocorrer dentro e fora das membranas de aeração como pode ser visualizado nas fotos apresentadas a seguir:

Qual é a faixa ideal de controle do pH na saída de um tanque de neutralização?

Como já foi comentado anteriormente, os valores de pH normalmente são monitorados de forma continua na entrada e na saída de um sistema de neutralização. Mas, alguém poderia achar que a faixa operacional "ideal" para um efluente na entrada de um tanque de aeração de lodo ativado deveria ser de 7,36 e 7,42. Na prática, essa faixa na entrada de um sistema de aeração não é muito fácil de ser mantida, também não é necessária, e em alguns casos, nem é desejável. Pela experiência do autor, nas fábricas modernas de celulose a faixa utilizada para o controle do pH é maior e menos precisa, sendo comum utilizar-se uma faixa de 6 a 7,5 de pH, e um set-point de 6,5 ou até 6,3.

É possível utilizar essa faixa de controle menos restritiva na saída do sistema de neutralização devido ao efeito tampão que ocorre dentro do tanque de aeração. A ação biológica em conjunto com a concentração dos sais no efluente, mais a presença do efeito "Sistema Tampão" permite um ajuste "automático" do pH dentro do tanque de aeração para um valor mais natural, ou seja, por volta de 7,3 a 7,4. Observa-se, que operacionalmente não é comum medir, monitorar ou mesmo tentar controlar o valor de pH dentro do tanque de aeração. O controle do valor de pH deverá ocorrer antes do efluente entrar no tanque de aeração.

Pode-se perguntar: Como podem os valores de pH do efluente que estão dentro do tanque e saem do mesmo ficarem diferentes do valor de pH do mesmo efluente que está constantemente entrando? Exemplificando esse fenômeno numericamente pergunta-se novamente: se o pH do efluente que entra no tanque de aeração é ajustado e controlado para um valor de 6,5, como o efluente pode sair constantemente do mesmo tanque com um valor de 7,4? Para responder essa questão apresenta-se a seguinte explicação. A ação biológica devido à presença das bactérias que crescem dentro do tanque de aeração e geram gás carbônico, juntamente com o efeito tampão exercido pela presença dos sais inorgânicos no efluente propicia a mudança de pH. Mas, também deve ser lembrado que é mínimo o tamanho de ajuste que ocorre na quantidade de íons H^+ e OH^- presentes no efluente quando o pH está próximo do valor 7.

Adicionalmente, em muitos casos, pode ser desejável utilizar um set-point de pH menor de 7, de preferência menor de 6,5 com o intuito de controlar a índice de Langelier e minimizar a tendência de incrustação por carbonato de cálcio carbonato no tanque de aeração.

Alguns problemas e dificuldades no controle do pH na saída do tanque de neutralização.

1. Uma dificuldade no controle de pH deriva-se da relação entre três aspectos: (1) a velocidade da reação química de neutralização, (2) a concentração do álcali sendo utilizado e (3) a concentração do ácido no efluente.

   - O tempo de permanência do efluente no tanque de neutralização pode ser insuficiente, por exemplo, quando a vazão do efluente é maior do que o máximo permitido no projeto do volume do tanque;
   - O leite de cal, frequentemente utilizado para neutralizar o efluente ácido, é uma suspensão de Cal em água que poderá ter sua concentração abaixo do projeto que envolve o sistema de neutralização. Ainda mais, a solubilidade de Cal em água não ocorre rapidamente, existindo uma certa demora para o álcali poder reagir com o ácido;
   - A concentração ácida no efluente poderá ser maior do máximo permitido no projeto do sistema de neutralização.

2. Outra dificuldade no controle de pH deriva das perdas de produtos químicos nas diversas áreas da uma fábrica de celulose. Essas perdas podem ser propositais ou acidentais. Quando elas são maiores do que a capacidade do sistema de correção do pH, não será possível efetuar de forma eficiente as dosagens necessárias de ácido ou de álcali.

   - As perdas acidentais podem ser do tipo de transbordamentos de tanques de licor (branco ou negro). Essas perdas acontecem em conjunto com falhas no sistema de contenção das áreas dos tanques. Essa situação pode acontecer, por exemplo, durante uma falta generalizada de energia elétrica na fábrica.
   - As perdas propositais podem ser resultantes de uma situação de desbalanceamento nos volumes disponíveis de tanques de estocagem. Essa situação pode ocorrer particularmente durante o início de paradas gerais para manutenção ou de recomeço da produção de celulose.

CONCLUSÕES

Nesta parte 2 foram tratados os assuntos:

- Por que é necessário controlar o pH?
- Qual é a faixa ideal de controle do pH na saída de um tanque de neutralização?
- Alguns problemas e dificuldades no controle do pH na saída do tanque de neutralização.

O próximo trabalho focalizará a variável temperatura no processo de tratamento de efluente em uma fábrica de celulose.

4. A Importância de Controlar a Temperatura no Tratamento de Efluentes Parte 1

INTRODUÇÃO

Neste trabalho pretende-se apresentar algumas ideias para que o leitor possa obter um melhor entendimento sobre a variável temperatura, o que ela significa e como ela pode ser monitorada e controlada. Acredita-se que a variável temperatura em si não é tão complicada. Ela é uma variável que se convive pessoalmente e diariamente. Mas, é bastante importante estar atentos à sua temperatura e suas variações, na operação de uma estação de tratamento de efluentes. A seguir pretende-se tratar de alguns assuntos que poderão contribuir para melhor entendimento sobre a importância de se monitor e controlar a variável temperatura em uma estação de tratamento de efluente.

Nesta parte 1, serão tratados os tópicos (citados abaixo) referentes à temperatura do efluente e torres de resfriamento que podem existir em uma estação de tratamento de efluentes em uma fábrica de celulose moderna.

- Algumas definições e conceitos básicos referentes à temperatura e calor;
- O funcionamento de uma torre de resfriamento;
- Como se pode medir e controlar a temperatura;

Algumas Definições e Conceitos Básicos

A maioria das pessoas acredita que entende o significado da variável temperatura. Porém, ao resgatar as informações do site Wikipédia, percebe-se que é o assunto não é tão simples. Por exemplo, de acordo com a definição citada no Wikipédia:

"Temperatura é uma grandeza física que mensura a energia cinética média de cada grau de liberdade de cada uma das partículas de um sistema em equilíbrio térmico". *"A temperatura não é uma medida de calor, mas a diferença de temperaturas é a responsável pela transferência da energia térmica na forma de calor entre dois ou mais sistemas. Quando dois sistemas estão à mesma temperatura diz-se que estão em equilíbrio térmico e neste caso não há calor. Quando existe uma diferença de temperatura, há calor do sistema em temperatura maior para o sistema em temperatura menor até atingir-se o equilíbrio térmico. Este calor pode dar-se por condução, convecção ou irradiação térmica. As influências precisas da temperatura sobre os sistemas são estudadas pela termodinâmica e esta é uma das principais grandezas intensivas encontradas na área."* http://pt.wikipedia.org/wiki/Temperatura

A definição citada acima demonstra como o conceito é complexo. Todavia, não se pretende discutir este conceito de forma acadêmica, mas tentar explicar a partir de experiências profissionais e nos aspectos operacionais que envolvem essa variável em uma estação de tratamento de efluente.

Como funciona uma torre de resfriamento?

"Uma **torre de resfriamento** *ou* **torre de arrefecimento** *é um dispositivo de remoção de calor utilizada para transferir calor residual do processo para a atmosfera."* http://pt.wikipedia.org/wiki/Torre_de_resfriamento. Para água limpa ou efluente, os princípios são os mesmos. O calor em um fluído entrando na torre é

transferido para o ar pela evaporação de uma pequena parte do próprio fluído. O fluído se resfria e sua temperatura cai. O ar se esquenta e a temperatura sobe.

Os tipos de construção de torres de resfriamento para água ou efluente são similares. Existem de modo geral dois tipos de torres básicas de resfriamento: uma que utiliza a ventilação natural para efetivar a troca de calor e outra que utiliza ventilação forçada ou induzida. O tipo de torre atualmente utilizado em fábricas de celulose é de ventilação forçada ou induzida.

Dentro deste tipo de torre existem duas formas diferentes de construção. Uma se chama fluxo cruzado ou *"Crossflow"* e a outra se chama fluxo contracorrente ou *"Counterflow"*. Dentro destes dois tipos de construção cada um deles pode conter a instalação de um "recheio" semiaberto ou tipo "colmeia". Esse recheio pode ajudar o contato entre o ar e o efluente, aumentando a eficiência da torre e reduzindo o seu tamanho. Todavia, é preciso lembrar que dependendo das características do efluente, o uso de um recheio poderá acarretar mais dificuldades em manter a torre limpa.

Torre do tipo fluxo cruzado: Segundo o site Wikipédia: "O fluxo cruzado é um design em que o fluxo de ar é direcionado perpendicularmente ao fluxo da água. O fluxo de ar entra em um ou mais faces verticais da torre de resfriamento para atender ao material de preenchimento. O fluxo de água (perpendicular ao ar) atravessa o preenchimento por gravidade." http://pt.wikipedia.org/wiki/Torre_de_resfriamento.

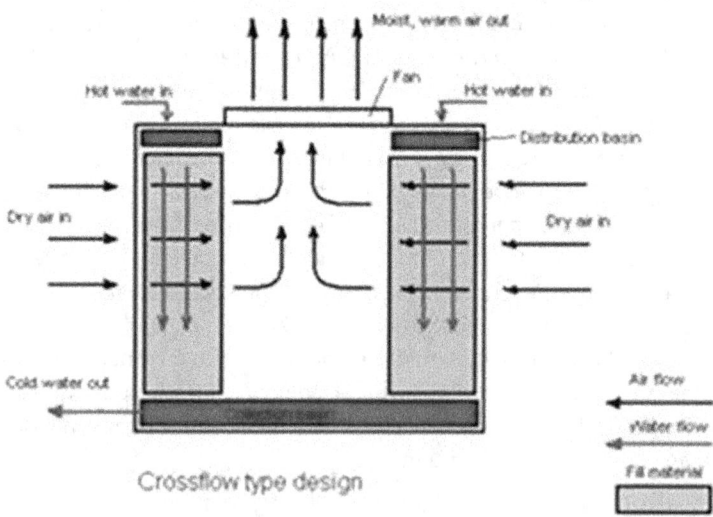

Figura 1: Croqui demonstrando os fluxos de ar e água em uma torre de resfriamento do tipo fluxo cruzado ou *"Crossflow"*. http://upload.wikimedia.org/wikipedia/commons/d/d0/Crossflow_diagram.PNG.

Torre do tipo contracorrente: Segundo o site Wikipédia: "O fluxo de ar é diretamente oposto ao fluxo de água. O fluxo de ar entra primeiramente em um espaço aberto abaixo do ponto médio de preenchimento e em seguida, segue verticalmente. A água é pulverizada através de bicos pressurizados e flui para baixo através do preenchimento, em oposição ao fluxo de ar". http://pt.wikipedia.org/wiki/Torre_de_resfriamento#Contracorrente. Em Brasil, foi instalado em pelo menos três grandes fábricas de celulose, construídas nos últimos anos o tipo contracorrente.

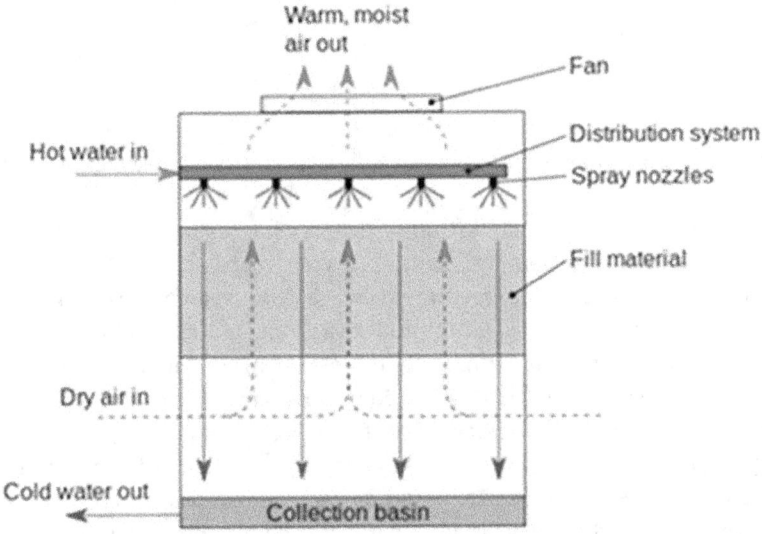

Figura 2: Croqui demonstrando os fluxos de ar e água em uma torre de resfriamento do tipo contracorrente ou "*Counterflow*" http://en.wikipedia.org/wiki/Cooling_tower#Counterflow.

De forma sintética, como se pode medir e controlar a temperatura em uma estação de tratamento de efluentes?

Localização da torre dentro de uma estação de tratamento de efluente: Para detalhar melhor este assunto, primeiro localizam-se as principais fases operacionais que existem em uma estação de tratamento de efluentes nas indústrias de fabricação de celulose mais modernas. Como pode ser visto no croqui abaixo, normalmente uma torre de resfriamento de efluente encontra-se localizada entre o tratamento primário e o tratamento secundário.

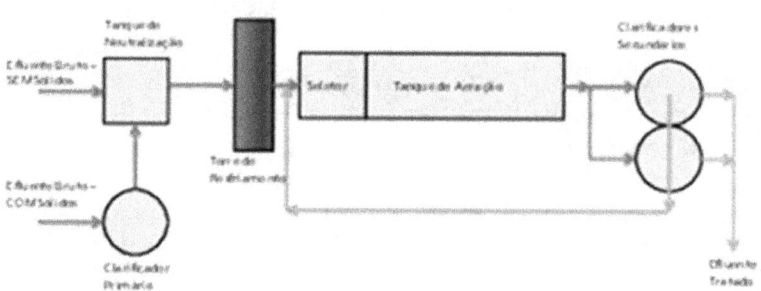

Figura 3: Croqui das principais fases operacionais que existem em uma estação de tratamento de efluentes

Porém, é interessante lembrar que existem estações de tratamento de efluentes que não necessitam e nem utilizam torres de resfriamento. Esta situação pode acontecer se o efluente bruto já entra na estação com sua temperatura adequada. Tal situação poderá ocorrer se as áreas produtivas e geradores de efluente resfriam seu efluente na local de geração, utilizando torres de resfriamento locais ou trocadores de calor indiretos específicos. Outra situação poderá ocorrer se os próprios processos de fabricação gerar efluentes com temperaturas reduzidas.

Aqui cabe um comentário adicional quanto à possibilidade de não necessitar o uso de uma torre de resfriamento. Do ponto de vista ambiental é interessante o controle da temperatura do efluente pelas áreas geradoras do mesmo. Considerando que o calor perdido em uma torre de resfriamento representa também uma energia desprezada pela fábrica, pode-se pensar que existe a oportunidade de uma fábrica de celulose reduzir suas perdas energéticas e gerar alguma economia aproveitando essa energia. Tal aproveitamento significa redução de impactos ambientais, e ganhos financeiros. Além disso, a perda de efluente via o arraste pelo topo da torre (costuma-se estimar em cerca de 3%) deixará de ocorrer. Esse impacto ambiental gerado por essa perda sempre foi considerado pelas fábricas de celulose como mínimo, e os custos para sua eliminação não compensam os investimentos em alternativas que significam a eliminação de torres de resfriamento de efluente bruto. Todavia, pessoalmente entende-se que a possibilidade de não ter que dispersar efluente sem tratamento na atmosfera representa uma melhoria ambiental muito importante.

Também a instalação de uma torre de resfriamento em uma estação de tratamento poderá ser dispensada se o efluente passar por um tratamento biológico em uma grande lagoa de aeração, onde existe um tempo de retenção longo para que o efluente passe a se resfrie naturalmente. Hoje em dia, essa opção não é considerada interessante ou vantajosa, e normalmente não é aplicada em novos projetos.

Pontos de medição da temperatura e de efetivação de seu controle: Apresentam-se a seguir na tabela N° 1, abaixo, os principais pontos de medição e controle da temperatura em uma estação de tratamento de efluentes:

LOCAL	MONITOR	CONTROLAR	POR QUE
Do efluente tratado, na saída da estação.	Sim	Sim. Mas, o controle da temperatura neste ponto deveria ser efetivado antes do efluente entrar na fase de tratamento biológico.	Normalmente o monitoramento é feito por exigências legais.
Do efluente entrando na fase de tratamento biológico.	Sim	Sim. O controle da temperatura deveria ser efetivado utilizando uma torre de resfriamento.	Normalmente o monitoramento é feito para manter condições adequadas ao crescimento biológico.
Do efluente bruto entrando na estação.	Sim	Não. O controle da temperatura deveria ser efetivado anteriormente.	Grandes variações são indicativas de problemas nas áreas produtivas.
Do efluente neutralizado antes da torre de resfriamento.	Sim	Não	Grandes variações são indicativas de problemas nas áreas produtivas.
Do efluente dentro dos tanques de aeração.	Sim	Sim. O controle da temperatura deveria ser efetivado utilizando uma torre de resfriamento.	

Tabela 1: Pontos de medição da temperatura e de efetivação de seu controle

CONCLUSÕES

Nesta parte 1 foram tratados os seguintes assuntos referentes à temperatura do efluente e uma torre de resfriamento de uma estação de tratamento de efluentes de uma fábrica de celulose moderna:

- Algumas definições e conceitos básicos referentes à temperatura e calor;
- O funcionamento de uma torre de resfriamento;
- Como se pode medir e controlar a temperatura;

Na parte 2, serão tratados os seguintes assuntos referentes à temperatura e calor:

- A necessidade de controlar a temperatura;

- A faixa ideal para controlar a temperatura;
- A máxima de temperatura que pode ser utilizada;
- Problemas e dificuldades no controle da temperatura.
-

Anexo

Foto de uma torre de resfriamento de efluentes.

4. A Importância de Controlar a Temperatura no Tratamento de Efluentes - Parte 2

INTRODUÇÃO

Nessa parte 2, serão tratados os assuntos referentes à temperatura do efluente e uma torre de resfriamento de uma estação de tratamento de efluentes em uma fábrica de celulose moderna. Essa parte abrange os seguintes subtítulos:

- A necessidade de controlar a temperatura;
- A faixa ideal para controlar a temperatura;
- A máxima de temperatura que pode ser utilizada;
- Problemas e dificuldades no controle da temperatura.

Por que é necessário controlar a temperatura?

Na operação diária de uma estação de tratamento de efluentes, particularmente em uma fábrica de celulose, é possível identificar duas razões principais que impõem a necessidade de controlar a temperatura do efluente.

1. A razão mais óbvia refere-se ao fato de que a vida e crescimento das bactérias no tratamento secundário são sensíveis às variações de temperatura. O ser humano somente sobrevive em uma determinada faixa de temperatura. Os *homens sapiens* morrem se a temperatura ambiental se tornar alta ou baixa demais, por um tempo prolongado. As bactérias e a vida em geral que existem em uma estação de tratamento também se encontram sujeitas a limitações similares.

Segue na figura 1, um gráfico que pode ser denominado de "o fim de vida!", pois ele demonstra claramente as limitações de temperatura para vários tipos de bactéria.

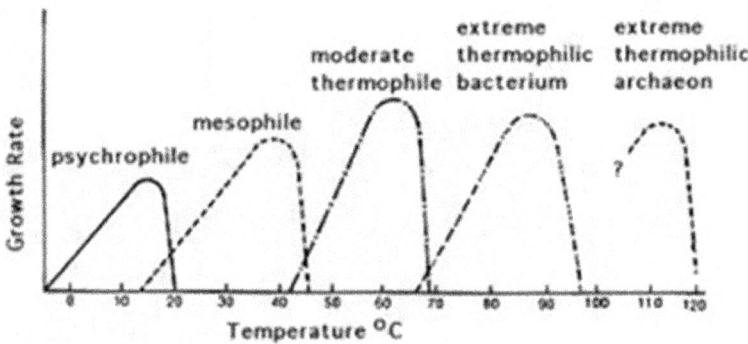

Figura 1: Variação da temperatura comparada com a taxa de crescimento de vários tipos de bactérias.

2. Outra razão de percepção mais difícil para entender a necessidade de controlar a temperatura do efluente refere-se aos aspectos de corrosão e incrustação que se encontram na ETE. Em trabalhos do autor recentes foi detalhado um pouco as duas variáveis: pH, a temperatura e os seus impactos na corrosão e incrustação das ETEshttp://celuloseonline.com.br/tratamento-de-efluentes-david-charles-meissner-a-importancia-de-controlar-o-ph-no-tratamento-de-efluentes/.

Todavia, vale destacar esses impactos novamente.

- CORROSÃO:

Esse fenômeno pode acontecer nos tanques de concreto e sistemas que não são preparados para entrar em contato com efluentes muito ácidos ou básicos. Em relação à temperatura, quanto mais alta ela for, mais rápida e mais extensa ocorrerá a corrosão, provocando assim a degradação por contato dos equipamentos com efluente.

- INCRUSTAÇÃO:

Tal como se discutiu nos trabalhos sobre pH, as incrustações e os depósitos de sólidos podem ocorrer em vários locais das ETEs. Os depósitos frequentemente são constituídos de carbonato de cálcio em uma forma dura e pouco solúvel, similar à incrustação que ocorre nas caldeiras. A precipitação do carbonato de cálcio é muito influenciada pelo pH do efluente, sendo que quanto mais ácido o efluente, mais solúvel será o sal e menos incrustação será formada. Mas, também existe uma relação entre a solubilidade do carbonato de cálcio e a temperatura do efluente, que é contrária ao que seria esperado normalmente. Na figura 2 a seguir apresenta-se essa relação:

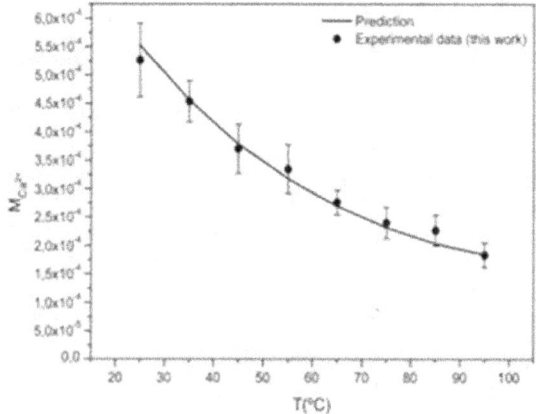

Figura 2: Variação da temperatura comparada com a solubilidade de carbonato de cálcio.

https://eciencia.urjc.es/bitstream/handle/10115/6052/REPOSITORIO%20ANGEL.pdf?sequence=1

Nesta figura, é possível perceber que quanto mais alta a temperatura, a solubilidade do carbonato de cálcio é menor, e existirá mais tendência de formar incrustações,

Qual é a faixa ideal de controle da temperatura na entrada de um tanque de aeração? Qual é a temperatura operacional máxima em um tanque de aeração?

Pela experiência do autor não existem respostas fáceis e definitivas para essas perguntas. Mas, por essa mesma experiência e estudando outras fontes, podem-se acrescentar os seguintes comentários:

1. Nas ETEs modernas, a faixa de temperatura que é utilizada durante o desenvolvimento do projeto e que é normalmente recomendada no manual de operação varia entre 35° - 38°C. Essa faixa é similar à temperatura que pode ser encontrada na figura 1 para as bactérias do tipo mesófilas. Essa é a faixa onde a taxa de crescimento das bactérias fica em um patamar máximo.

   1.1. Tal como os seres humanos, as bactérias não se desenvolvem bem em um ambiente onde a temperatura sofre grandes variações e, portanto, são muito instáveis. Grandes variações na temperatura do efluente não são frequentes e não acarretam muitos problemas, desde que a produção da planta produtiva seja estável. Também, no Brasil há pouca variação na temperatura climática o que contribui para a estabilidade da temperatura do efluente. Porém, durante paradas gerais para manutenção ou emergências na fábrica ou nas ETEs, são necessários cuidados adicionais com a operação da torre de resfriamento e a variação da temperatura no tanque de aeração. O objetivo sempre é de manter as bactérias e a biota em boas condições de vida e em quantidade medida em peso.

   1.2. Muitos engenheiros e operadores entendem que temperaturas acima de 38°C não são adequadas e devem ser evitadas a qualquer custo. Pensa-se que uma temperatura de 35°C seria a ideal. Esses engenheiros e operadores baseiam-se nas temperaturas indicadas para bactérias do tipo mesófilas (na figura 1), onde nos valores maiores de 40°C, a taxa de crescimento das mesmas reduz rapidamente. Porém, pela experiência do autor voltada para os problemas de manutenção de ETEs, em várias plantas e durante períodos extensos de semanas, constatou-se que tanques de aeração foram operados com temperaturas ao redor de 42°C e não ocorreram grandes efeitos negativos. Vale destacar, que mesmo nessas condições, a estabilidade da temperatura foi mantida.

Da forma resumida, quais são alguns problemas e dificuldades no controle da temperatura na entrada do tanque de aeração?

É possível identificar dois fatores que contribuem com dificuldades no controle da temperatura. Um fator encontra-se relacionado com os problemas de manutenção, ou seja, a falta de conservação dos equipamentos. O outro fator encontra-se relacionado com as regulagens e controle da distribuição do efluente ao longo do topo da torre.

1. Manutenção:

Na dificuldade de obter uma redução suficiente na temperatura do efluente e quando a temperatura na entrada da ETE encontra-se normal, deverá ser investigado o estado de limpeza da torre. Ao longo de semanas de uso da torre, poderá ser observada que a eficiência na remoção do calor no efluente pela torre começa a cair. Com isso, uma limpeza normalmente deve ser programada. A limpeza, a inspeção visual e a eventual manutenção deverão estar centradas nas seguintes áreas: nas canaletas da entrada das células, nos bicos de dispersão, no recheio e na bacia fria.

Seguem fotos exemplificando alguns tipos de sujeiras e problemas que podem ser encontrados nas torres de resfriamento que geram necessidades de limpeza e manutenção.

Foto 1: Bico de distribuição sujo.   Foto 2: Recheio da torre caindo.

Foto 3: Sujeira na bacia fria da torre.

2. Regulagem e Controle de Distribuição:

Como as grandes torres de resfriamento são construídas da forma celular, existe a necessidade de manter o fluxo do efluente por igual ao longo da entrada da torre. Caso contrário, haverá uma sobrecarga em uma parte da torre e uma redução na sua eficiência. A necessidade de ajustes e regulagens pode ser realizada de forma visual nas canaletas de entrada do efluente no topo da torre, e, também conferida visualmente nas bacias frias de cada célula.

No caso de uma redução significativa da vazão ou na temperatura do efluente entrando na torre, a temperatura do efluente na saída da torre poderá cair demais, contribuindo para um "choque de frio" na biota dentro dos tanques de aeração. Nestes casos, normalmente basta o isolamento de uma ou mais células da torre para manter a temperatura do efluente na sua faixa operacional de costume.

No caso de sobrecarga na torre onde o efluente entra com uma temperatura acima do projeto, existem poucas opções de melhoria. Neste caso, além de tentar aumentar a frequência da limpeza, resta investigar as causas do aumento no efluente que vem da área fabril da planta e tentar efetivar as correções.

CONCLUSÕES

Nesta parte 2 foram tratados os assuntos referentes à temperatura do efluente e a torre de resfriamento em uma estação de tratamento de efluentes de uma fábrica de celulose moderna, como se destaca a seguir:

- A necessidade de controlar a temperatura;
- A faixa ideal para controlar a temperatura;
- A máxima de temperatura que pode ser utilizada;
- Problemas e dificuldades no controle da temperatura.

O próximo trabalho focalizará a variável "controle de sólidos" no processo de tratamento de efluente em uma fábrica de celulose.

Anexo

Foto de uma torre de resfriamento de efluentes.

5. A Importância de Controlar as Concentrações e Quantidades de Sólidos e Biomassa em uma Estação de Tratamento de Efluentes de Lodo Ativado – Parte 1

INTRODUÇÃO

Nesse trabalho, parte 1 e 2, pretende-se apresentar algumas ideias para que o leitor possa obter um melhor entendimento sobre o que são e como devem ser monitoradas e controladas as variáveis relacionadas aos "sólidos", utilizadas na operação de uma estação de tratamento de efluente. As referências encontradas e utilizadas neste trabalho são:

- http://72.29.69.19/~nead/disci/gesamb/doc/mod7/2.pdf;
- http://eucalyptus.com.br/eucaliptos/PT34_Lodos_Ativados.pdf;
- http://www.eea.eng.br/novosite/downloads/Apostila%20de%20Tratamento%20de%20 Esgoto.pdf;
- http://www.scribd.com/doc/19590008/Lodos-Ativados-Von-Sperling#scribd;
- Standard Methods for the Examination of Water and Wastewater; Item 2540 SOLIDS# (46) *, © Copyright 1999 by American Public Health Association, American Water Works Association, Water Environment Federation, paginas 298 – 313.

É importante destacar que se pretende analisar de forma geral, as variáveis relacionadas aos sólidos, entretanto, será dada certa ênfase aos tipos de sólidos mais relacionados à biomassa que se encontram em estações de tratamento de efluente de lodo ativado.

Algumas Definições e Conceitos Básicos

Sólidos versus **Biomassa** – quando usar um termo e quando usar outro?

É preciso observar que não existe uma estrita padronização na literatura e na prática operacional, quanto ao uso das palavras, siglas e abreviações para as diversas formas de descrever e quantificar os sólidos. Quando se depara com referências sobre a presença de sólidos nos efluentes brutos e tratados, quase sempre se observa que elas são utilizadas de forma geral. Quando se trata do conteúdo de matérias na forma de sólidos existente em um tanque de aeração, poderá ocorrer certa confusão na identificação dos mesmos. Assim, os sólidos em um tanque de aeração podem ser qualificados e quantificados de duas maneiras: a primeira maneira tem por finalidade destacar a quantidade total de **sólidos,** e a segunda tem a finalidade de destacar somente a fração de sólidos orgânicos ou "**Biomassa**". Deve-se estar atento ao fato de que na operação de uma ETE, é comum utilizar o valor da concentração de "sólidos totais" como um indicador da quantidade de biomassa, entretanto, nem sempre é explicitada essa diferença.

Definições:

1. ST - Sólidos Totais

"Resíduo Total ou Sólidos Totais (ST) é o termo empregado para material que permanece em um cadinho após evaporação da água da amostra e sua subsequente secagem em estufa, a 103ºC - 105ºC. Sólidos Suspensos Totais (SST) constituem-se da fração dos ST que fica retida em um filtro". MARÇAL

2. SST - Sólidos Suspensos Totais;

"Concentração de sólidos suspensos totais presentes no efluente, englobando materiais orgânicos e inorgânicos". FOELKEL.

3. SSd – Sólidos Suspensos Sedimentáveis ou simplesmente Sólidos Sedimentáveis;

"Ensaio realizado em um Cone de Imhoff para se medir a quantidade (volume) de sólidos sedimentáveis contida em um litro de efluente, por período de tempo determinado, controlando-se a temperatura do efluente". FOELKEL. A dimensão desta variável usual é ml/L ou ml/L – h.

4. SVT – Sólidos Voláteis Totais;

"Resíduo Volátil de Sólidos Voláteis Totais (SVT) é o termo empregado para a fração de ST que se perde após calcinação em mufla a 600°C". MARÇAL.

5. SSV – Sólidos Suspensos Voláteis;

"Concentração de sólidos suspensos orgânicos presente no efluente, em geral referidos como concentração de biomassa ou de microrganismos". FOELKEL.

"Concentração da biomassa microbiológica no reator ("MLVSSC – Mixed Liquor Volatile Suspended Solids Concentration") - É expressa pela concentração de SSV no efluente, em geral referenciada em ppm, mg/L, g/m❚ ou kg/m❚. Aceita-se esse valor como a concentração de microrganismos (sejam vivos ou mortos) presentes como partículas de sólidos orgânicos secos que estão suspensas no efluente". FOELKEL.

6. SFT- Sólidos Fixos.

"Resíduo Fixo ou Sólidos fixos Totais (SFT) é o termo empregado para a fração de ST após incineração em mufla a 600°C. Nessas condições, toda matéria orgânica é transformada em CO_2 e água, restando, no cadinho, apenas os sólidos inorgânicos". MARÇAL.

7. IVL – Índice Volumétrico do Lodo

"Por definição e conceito, o IVL, dimensão ml/g, é o volume em mililitros ocupado por 1 grama de lodo, após sedimentação de 30 minutos. Dito de outra forma, é a relação entre o volume de lodo que sedimenta após 30 minutos em uma proveta graduada de 1.000 ml, e a concentração de sólidos em suspensão nessa amostra". JORDÃO, http://www.bvsde.paho.org/bvsacd/abes97/indice.pdf,

Para melhor entender os conceitos explicitados acima, apresenta-se uma tabela com os tipos de sólidos comumente monitorados e controlados de forma regular em uma estação de tratamento de efluentes de lodo ativado, seguido por referências quanto ao método analítico utilizado.

Parâmetro	Sigla	Unidade	Método Analítico
Sólidos Suspensos Totais	SST	mg/L	"Standard Methods" – 2540 D
Sólidos Suspensos Voláteis	SSV	mg/L	"Standard Methods" – 2540 E
Sólidos Sedimentáveis	SSd	ml/L-t	"Standard Methods" – 2540 F
Índice Volumétrico do Lodo	IVL	ml/g	"Standard Methods" – 2710 D

Tabela n° 1.

Como se pode medir e controlar os sólidos em uma estação de tratamento de efluentes de lodo ativado?

Localização das principais fases operacionais em uma estação de tratamento:

Primeiro é preciso localizar (como no croqui abaixo) as principais fases de um sistema de tratamento de efluente de lodo ativado. Os pontos da coleta das amostras para análises dos sólidos encontram-se relacionados às descrições das fases operacionais, como será apresentado na tabela n° 2.

Desenho básico de uma estação de tratamento de efluentes em uma indústria de celulose.

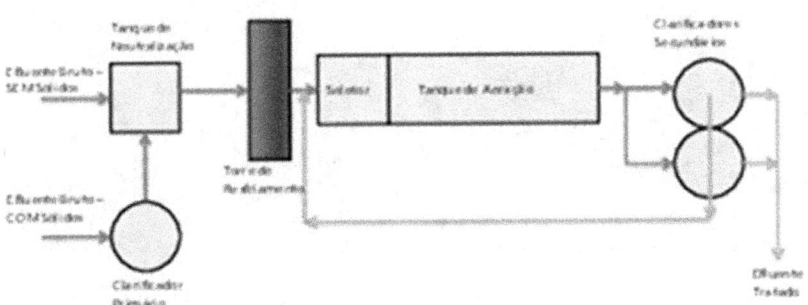

Figura 1: Croqui das principais fases operacionais que se encontram em uma estação de tratamento de efluentes.

Sugestão dos tipos de sólidos que devem ser monitorados e controlados por local da amostragem.

PONTO DE AMOSTRAGEM	PARÂMETRO	SIGLA
Primeira câmara seletora (Entrada para Tratamento Biológico)	Sólidos Suspensos Totais	SST
	Sólidos Suspensos Voláteis	SSV
	Sólidos Sedimentáveis	SSd
	Índice Volumétrico do Lodo	IVL
Tanque de aeração	Sólidos Suspensos Totais	SST
	Sólidos Sedimentáveis	SSd
	Sólidos Suspensos Voláteis	SSV
	Índice Volumétrico do Lodo	IVL
Entrada do decantador primário – (Efluente Bruto com Sólidos)	Sólidos Sedimentáveis	SSd
	Sólidos Suspensos Totais	SST
Saída do decantador primário	Sólidos Sedimentáveis	SSd
	Sólidos Suspensos Totais	SST
Efluente sem sólidos – Bruto	Sólidos Sedimentáveis	SSd
	Sólidos Suspensos Totais,	SST
Efluente na Saída do tanque de neutralização	Sólidos Suspensos Totais	SST
	Sólidos Sedimentáveis,	SSd
Fluxo de Retorno de Lodo Biológico	Sólidos Suspensos Totais	SST
	Sólidos Sedimentáveis.	SSd
	Índice Volumétrico do Lodo	IVL
Saída do decantador secundário – (Efluente Tratado)	Sólidos Sedimentáveis	SSd
	Sólidos Suspensos Totais	SST

Tabela n° 2.

Quais pontos necessitam ser monitorados em relação à concentração e quantidade de sólidos, e quais pontos necessitam ser controlados?

Os pontos mais importantes para medir e / ou controlar os sólidos em uma estação de tratamento de efluentes encontram-se descritos na tabela 3, abaixo:

LOCAL	MONITORAR	CONTROLAR	POR QUE
Do efluente tratado, na saída da estação.	SIM	Normalmente, não existe uma maneira efetiva de controle neste ponto. O controle deverá ser efetivado por ajustes nos decantadores secundários e tanques de aeração.	O monitoramento é feito de acordo com as exigências legais, e para acompanhar a eficiência dos decantadores secundários.
Do efluente entrando na fase de tratamento biológico.	SIM	Normalmente, não existe uma maneira efetiva de controle neste ponto. O controle deverá ser efetivado por ajustes nos decantadores primários.	A operação correta dos tanques de aeração exige o conhecimento do tipo e da quantidade de sólidos que entram com o efluente a ser tratado.
Do efluente bruto entrando na estação.	SIM	O controle neste ponto terá que ser feito por meio da limitação das perdas de sólidos que vem das áreas produtivas.	Esse controle é necessário para evitar uma sobrecarga de sólidos no sistema de tratamento primário.
Do efluente neutralizado antes da torre de resfriamento.	SIM	Normalmente, não existe uma maneira efetiva de controle neste ponto. O controle deverá ser efetivado por ajustes no decantadores primários.	A operação correta da torre de resfriamento (minimizar o acúmulo de sujeira) exige o conhecimento do tipo e da quantidade de sólidos que saem do tanque de neutralização dentro do efluente.
Do efluente dentro dos tanques de aeração.	SIM	A quantidade de sólidos nos tanques de aeração é controlada pela taxa de recirculação do lodo e pela quantidade do descarte do mesmo.	A eficiência na remoção da carga poluente, depende da quantidade correta de biomassa mantida nos tanques de aeração.

CONCLUSÕES

Nesta parte 1 foram tratados assuntos referentes às concentrações e quantidades de sólidos e biomassa existentes em uma estação de tratamento de efluentes de lodo ativado, de uma fábrica de celulose moderna. Os assuntos tratados referem-se aos temas:

- Definições e conceitos básicos sobre meios de identificar, caracterizar e analisar os diversos tipos de sólidos, em uma estação de tratamento de efluente;
- Como se pode medir e controlar os sólidos em uma estação de tratamento de efluente de lodo ativado;
  a) Localizar as principais fases operacionais em uma estação de tratamento;
  b) Sugerir os tipos de sólidos que devem ser monitorados e controlados por local da amostragem;
  c) Apontar quais os pontos que necessitam ser monitorados em relação à concentração e quantidade de sólidos, e quais os pontos que necessitam ser controlados.

Na parte 2, serão tratados ainda assuntos referentes às concentrações e quantidades de sólidos e biomassa em uma estação de tratamento de efluentes. Tais assuntos referem-se aos temas:

- Por que é necessário controlar os sólidos em uma estação de tratamento de efluente?
  a) As exigências legais sobre a qualidade de efluente tratado;
  b) As necessidades operacionais para garantir a qualidade do efluente;
- Qual é a faixa ideal de controle de sólidos dentro de um tanque de aeração? Qual é a concentração máxima de sólidos em um tanque de aeração, e por quanto tempo essa concentração poderá ser mantida?
- Alguns problemas e dificuldades no controle de sólidos dentro de um tanque de aeração.

Anexo

Foto de efluente tratado sem sólidos em Cone Imhoff.

5. A Importância de Controlar as Concentrações e Quantidades de Sólidos e Biomassa em uma Estação de Tratamento de Efluentes de Lodo Ativado – Parte 2

INTRODUÇÃO

Na parte 2 do trabalho pretende-se apresentar mais algumas ideias sobre o que são e como poderão ser monitoradas e controladas as variáveis sólidas na operação de uma estação de tratamento de efluente. As referências encontradas e utilizadas neste trabalho são:

- http://72.29.69.19/~nead/disci/gesamb/doc/mod7/2.pdf;
- http://eucalyptus.com.br/eucaliptos/PT34_Lodos_Ativados.pdf;
- http://www.eea.eng.br/novosite/downloads/Apostila%20de%20Tratamento%20de%20Esgoto.pdf;
- http://www.scribd.com/doc/19590008/Lodos-Ativados-Von-Sperling#scribd;
- Standard Methods for the Examination of Water and Wastewater; Item 2540 SOLIDS# (46) *, © Copyright 1999 by American Public Health Association, American Water Works Association, Water Environment Federation, paginas 298 – 313.

Entretanto, nesta parte pretende-se tratar de forma geral as variáveis "sólidos", mas dando certa ênfase aos tipos de sólidos mais relacionados à biomassa que se encontram em uma estação de tratamento de efluente de lodo ativado. Os temas tratados são:

➢ Por que é necessário controlar os sólidos em uma estação de tratamento de efluente?
   a) As exigências legais sobre a qualidade de efluente tratado;
   b) As necessidades operacionais para garantir a qualidade do efluente;
➢ Qual é a faixa ideal de controle de sólidos dentro de um tanque de aeração? Qual é a concentração máxima de sólidos em um tanque de aeração, e por quanto tempo essa concentração poderá ser mantida?
➢ Alguns problemas e dificuldades no controle de sólidos dentro de um tanque de aeração.

Por que é necessário controlar os sólidos em uma estação de tratamento de efluente?

Na operação diária de uma estação de tratamento de efluente, particularmente em uma fábrica de celulose, é possível identificar duas razões principais que impõem a necessidade de controlar a quantidade dos sólidos nos diversos fluxos de efluentes.

- Primeira razão: As exigências legais sobre a qualidade de efluente tratado.

Em geral, existem dois tipos de exigências legais que definem a qualidade de efluente tratado e lançado no meio ambiente. Do primeiro tipo derivam as leis e resoluções federais. Do segundo tipo derivam as leis e resoluções estaduais. Essas leis e resoluções estaduais podem determinar a inclusão de limites específicos para o lançamento de sólidos no efluente tratado. Esses limites serão especificados nas respectivas licenças de instalação e operação de uma fábrica de celulose. Essas licenças, frequentemente determinam limites mais restritivos do que aqueles impostos pelas leis e resoluções federais, em particular no que diz respeito à quantidade de sólidos totais suspensos. Destaca-se a seguir um exemplo importante de uma resolução federal:

CONAMA: RESOLUÇÃO N° 430, DE 13 DE MAIO DE 2011, http://www.mma.gov.br/port/conama/res/res11/propresol_lanceflue_30e31mar11.pdf, Seção II Das Condições e Padrões de Lançamento de Efluentes, item I c, "materiais sedimentáveis: até 1 mL/L em teste de 1 hora em cone Inmhof...."

Entretanto, cabe lembrar, também que os compromissos ambientais assumidos pelas empresas, como a exemplo do ISO 1400 e de outros acordos internacionais relacionados ao meio ambiente poderão requerer o monitoramento e controle dos sólidos lançados, junto com o efluente tratado no corpo receptor. Esses compromissos, ainda que não tenham a força das leis e resoluções são muito importantes no que se refere à quantidade de sólidos lançados no efluente tratado.

Como indicado na tabela n° 3 que se encontra na parte 1 deste trabalho, o efetivo controle de sólidos contidos no efluente tratado deve ser feito antes do seu lançamento no receptor. Excepcionalmente, poderia ser implantado um tratamento adicional e específico (terciário) para o controle de sólidos, isso se os custos compensarem. Esse tratamento terciário para o controle de sólidos seria interessante no caso do eventual reuso do efluente tratado.

- Segunda razão: As necessidades operacionais para garantir a qualidade do efluente.

Os valores excessivos de sólidos no efluente bruto ou tratado podem ocorrer por uma ou mais razões independentes, ou em combinação. Seguem alguns comentários pertinentes a essas razões:

1. Problemas na operação dos clarificadores, tanto nos clarificadores primários quanto nos clarificadores secundários:

   1.1. Sobrecarga – de sólidos: Essa sobrecarga ocorre quando a capacidade do equipamento é insuficiente para retirar a quantidade de sólidos adensados. Essa falha faz com que se acumulem sólidos em excesso dentro dos clarificadores e, eventualmente ela reduz a eficiência na remoção dos sólidos do efluente;

   1.2. Sobrecarga – de fluxo hidráulico: Essa sobrecarga ocorre quando a capacidade hidráulica dos clarificadores é limitada. Neste caso os sólidos não têm tempo suficiente para se separar do efluente e se sedimentar.

   1.3. Problemas relacionados à presença de sólidos anormais e situação de arraste de sólidos pelo efluente saindo dos clarificadores:

      1.3.1. Clarificação Primária: Além dos problemas relacionados às situações de sobrecarga, poderão ocorrer alterações na qualidade do efluente bruto, o que dificulta a separação dos sólidos em um clarificador primário.

Serão citados a seguir alguns exemplos relevantes de variações na qualidade do efluente bruto:

1.3.1.1. Quando no efluente bruto existe um excesso de polímero, que facilita a flotação (e não a sedimentação) acoplada ou não ao item a seguir;

1.3.1.2. Quando o efluente bruto apresenta condições inadequadas de pH e / ou uma concentração anormal de sólidos dissolvidos.

1.4. Clarificação Secundária: Aqui também os problemas de sobrecarga na quantidade de sólidos e de fluxo hidráulico são bastante frequentes.

1.5. Problemas com a qualidade e / ou quantidade da biomassa (sólidos) nos tanques de aeração:

Alguns comentários sobre problemas relacionados à qualidade e quantidade de biomassa nos tanques de aeração serão tratados no item 5. Pretende-se também tratar este assunto com maior profundidade, futuramente. Vale a pena destacar neste parágrafo um possível problema relacionado à necessidade de monitorar e controlar a quantidade e qualidade da biomassa em um tanque de aeração, e não somente monitorar e controlar a quantidade e qualidade de sólidos de forma mais geral. Aqui cabe destacar que de nada adianta ter uma quantidade de sólidos suficiente e com condição de sedimentação adequada, se os sólidos são todos inorgânicos e, portanto, não existe "vida" biológica dentro dos mesmos e, também no tanque de aeração. Neste caso a remoção de DBO e DQO será extremamente reduzida.

1.6. Problemas com o descarte do excesso de lodo:

Toda estação de tratamento de efluentes de lodo ativado tem que descartar de forma regular uma quantidade de lodo. Mesmo nas estações de aeração prolongada e que operam com idades de lodo maiores de 20 dias, existe a necessidade de controlar a concentração de sólidos nos tanques de aeração. Também, deve ser controlado o nível da manta de lodo nos clarificadores secundários. De modo geral, a carga de poluição que entra na estação de tratamento, determinará a quantidade de sólidos que será gerado e o quanto será necessário o descarte do mesmo.

Se por alguma razão, ocorrerem problemas operacionais com uma ou mais centrífugas, o descarte do excesso de sólidos ou biomassa gerado será prejudicado. Mesmo assim, em condições normais de operação e mantendo a quantidade de oxigênio residual adequado, é possível manter uma quantidade de sólidos no estágio biológico em uma situação de sobrecarga, com duração de até algumas semanas e sem que apareçam problemas significativos. Porém, eventualmente os níveis de sólidos terão que ser reduzidos e normalizados, caso contrário à estação começará a perder sólidos junto com o efluente tratado. Tanto a quantidade de sólidos sedimentáveis (**SSd**), quanto à quantidade de sólidos suspensos totais (**SST**) poderão extrapolar os limites legais, e até gerar multas pelos órgãos fiscalizadores. Portanto, é melhor cuidar devidamente do sistema de retirada de lodo, de tal forma que se controle a quantidade de sólidos no sistema de aeração, não deixando que saia do controle.

Qual é a faixa ideal de controle de sólidos dentro do tanque de aeração? Qual é a concentração máxima num tanque de aeração, e por quanto tempo esta concentração poderá ser mantida?

Pela experiência do autor não existem respostas fáceis e definitivas para essas perguntas. Mas, analisando diversos estudos sobre essas questões, podem-se acrescentar os seguintes comentários:

- Para as ETEs de projeto tipo normal e relativamente simples de lodo ativado normal encontram-se valores de sólidos entre 2,5 – 3,5 mg SST/l e com uma relação de SSV/SST de 0,8.
- Para as ETEs de projetos recente de fábricas de celulose e com um processo de lodo ativado prolongado encontram-se valores de sólidos entre 3,5 – 4,5 mg SST/l e, também, com uma relação de SSV/SST de 0,8.
- Entende-se que para todas as ETEs, os valores de SST/l além de 7 ou até 10 mg/l podem ser tolerados por alguns dias, sem aparecer grandes consequências. Tempos maiores com concentrações de sólidos excessivos podem gerar problemas, como a respeito da falta de oxigênio e de uma queda na qualidade de lodo no tanque de aeração. Uma menor qualidade de lodo gerará problemas na sua clarificação e desaguamento, e um aumento de sólidos (SST e SSd) no efluente tratado.

Alguns problemas e dificuldades no controle de sólidos dentro de um tanque de aeração.

O controle de sólidos, ou melhor, da biomassa dentro dos tanques de aeração é absolutamente necessário para manter o funcionamento eficiente de uma estação de tratamento de efluentes de lodo ativado.

Se a concentração da biomassa no tanque de aeração é insuficiente, a remoção da DQO e DBO será reduzida. No sentido contrário, se a concentração da biomassa no tanque de aeração ficar alta demais, sua remoção nos clarificadores secundários será prejudicada, e outros problemas, como a insuficiência de oxigênio no tanque de aeração poderão ocorrer. Portanto, é necessário monitorar, controlar, e operar os tanques de aeração, mantendo a quantidade de biomassa dentro de uma faixa adequada, a qual deve corresponder aos valores do projeto original da estação de tratamento.

Existem vários motivos que podem contribuir para dificultar a manutenção na quantidade de biomassa dentro dos tanques de aeração. Da forma resumida, seguem alguns dos motivos mais comuns:

1. Problemas na coleta das amostras e análises de concentração de sólidos e biomassa;

Os problemas deste tipo frequentemente são desconsiderados ou são vistos como pouco importantes, por serem considerados com pequena probabilidade de ocorrer. Todavia, como existem muitas operações manuais na coleta das amostras e na análise da concentração de sólidos e biomassa, frequentemente os resultados encontram-se sujeitos a erros e distorções. Seguem dois exemplos:

    1.1. A utilização de coletores automáticos de amostras poderá gerar resultados analíticos médios, mais representativos, porém esse modo de coleta pode encobrir picos e grandes variações nos resultados analíticos. O tamanho e a frequência da coleta da amostra podem e devem ser regulados, conforme sua localização no fluxo do efluente da ETE e no uso final previsto para os resultados.

    1.2. Um controle impreciso na temperatura da estufa utilizada durante a secagem da análise da quantidade de sólido presente numa amostra poderá gerar distorções significativas na estimativa da quantidade total de sólidos em um tanque de aeração.

    1.3. Falta de oxigênio, pH, temperatura e nutrientes;

Estes quatro itens representam as principais variáveis que necessitam ser controladas para manter uma quantidade de biomassa suficiente em um tanque de aeração. Detalhes e referências que tratam destas variáveis já foram apresentados em trabalhos similares a este, e podem ser encontradas consultando o site de Blogs do CeluloseOnline, http://celuloseonline.com.br/.

    1.4. Sobrecargas ou subcargas orgânica ou hidráulica;

Se a quantidade da carga orgânica que entra no tanque de aeração é insuficiente, a geração de biomassa será reduzida. Tal fato poderá reduzir a eficiência na remoção da carga poluente na estação de tratamento. No sentido contrário, se a quantidade da carga orgânica que entra no tanque de aeração ficar alta demais, sua remoção no tanque de aeração será prejudicada, e outros problemas, como a insuficiência de oxigênio poderá ocorrer. Assim, é necessário monitorar, controlar, e operar os tanques de aeração com a quantidade da carga orgânica dentro de uma faixa adequada, o que corresponde aos valores do projeto original da estação de tratamento.

Problemas similares poderão ocorrer nas condições de sobrecarga ou subcarga hidráulica.

Informações adicionais sobre esses assuntos deverão ser apresentados em trabalhos futuros no site de Blogs do CeluloseOnline.

Produtos tóxicos

As estações de tratamento de efluente de lodo ativado modernas, como encontradas nas indústrias de papel e celulose, normalmente apresentam projetos e condições operacionais que permitem suportar a entrada de produtos químicos tóxicos, junto com o efluente bruto. Porém, em determinadas situações operacionais, como durante uma parada geral da fábrica para manutenção, é possível que ocorra um lançamento acidental de um produto tóxico, o que poderá desestabilizar completamente uma ETE.

Maiores detalhes sobre esse assunto deverão ser apresentados em trabalhos futuros no site de Blogs do CeluloseOnline.

CONCLUSÕES

Nesta parte 2 foram tratados assuntos referentes às concentrações e quantidades de sólidos e biomassa em uma estação de tratamento de efluentes, como se destaca a seguir:

➢ Por que é necessário controlar os sólidos em uma estação de tratamento de efluente?

   a) As exigências legais sobre a qualidade de efluente tratado;

   b) As necessidades operacionais para garantir a qualidade do efluente;

➢ Qual é a faixa ideal de controle de sólidos dentro de um tanque de aeração? Qual é a concentração máxima de sólidos em um tanque de aeração, e por quanto tempo essa concentração poderá ser mantida?

➢ Alguns problemas e dificuldades no controle de sólidos dentro de um tanque de aeração.

Anexo

Foto dos sólidos suspensos (biomassa) num tanque de aeração.

A Importância de Monitorar e Controlar as Cargas de DBO$_5$ e DQO – Parte 1

6. INTRODUÇÃO

Neste presente trabalho pretende-se apresentar algumas ideias para que o leitor possa obter um melhor entendimento sobre o que são cargas poluidoras orgânicas. Busca-se, também analisar como elas podem ser monitoradas e controladas. Essas cargas normalmente são definidas a partir das medições analíticas da Demanda de Oxigênio Química (DQO) e da Demanda de Oxigênio Biológica (DBO₅).

Vale enfatizar, que mesmo correndo o risco de escrever o óbvio, é importante destacar alguns aspectos sobre essa questão. Numa fábrica de celulose típica, os vários fluxos de fluidos aquoso gerados em excesso e não reaproveitáveis, são descartados pelas áreas produtivas e de apoio (esses fluidos são chamados de efluentes). Estes efluentes são coletados e enviados para ser tratados, para que possam ser subsequentemente lançados no meio ambiente de forma segura, ou até reutilizados. Os diversos efluentes entram em uma ETE contendo muitos poluentes, onde são tratados fisicamente e biologicamente. Após o tratamento adequado os efluentes saem com uma quantidade mínima e aceitável de poluentes.

Entretanto, devido a diversas limitações operacionais existentes em uma ETE, nem sempre ela funciona da forma adequada. Aqui é preciso lembrar que existem duas limitações principais nas ETEs. A primeira diz respeito à quantidade física de efluente bruto que pode ser tratado, que normalmente é expresso em m▨ por hora ou m▨ por dia. Essa quantidade é chamada de capacidade da carga hiráulica da ETE. A segunda limitação diz respeito à quantidade de poluentes contida dentro do efluente bruto, que normalmente é expresso em quilogramas de DQOt por dia, ou quilogramas de DBO₅ por dia. No presente trabalho pretende-se tratar dessa última limitação.

Na parte 1, serão tratados os assuntos referentes ao monitoramento e controle das cargas poluidoras orgânicas em uma estação de tratamento de efluentes, como indicado abaixo:

- Algumas Definições e Conceitos Básicos;
- Onde e como se pode medir as cargas de DQO e DBO₅ em uma estação de tratamento de efluentes de lodo ativado?

Algumas Definições e Conceitos Básicos

Algumas definições e conceitos já foram apresentados na segunda parte do trabalho sobre a importância de oxigênio. http://celuloseonline.com.br/tratamento-de-efluentes-david-meissner-importancia-de-oxigenio-parte-2/. Entende-se que vale enfatizar o que já foi escrito originalmente, acrescentando alguns comentários adicionais.

1. **Demanda de Oxigênio Química (DQO):** A DQO é um número que resulta de um ensaio químico executado em uma amostra do efluente num laboratório analítico. Detalhes sobre o método analítico podem ser encontrados na referência, Standard Methods for the Examination of Water and Wastewater 20th Edition; Item: 5220

CHEMICAL OXYGEN DEMAND (COD)*#(233). Standard Methods for the Examination of Water and Wastewater 20th Edition; Item: 5220 CHEMICAL OXYGEN DEMAND (COD)*#(233), © Copyright 1999 by American Public Health Association, American Water Works Association, Water Environment Federation, paginas 1175 - 1188. O resultado desta análise é expresso em miligramas de oxigênio consumidos quimicamente por litro da amostra. Existem variações no método analítico que podem gerar resultados diferentes, mas o método frequentemente utilizado é a DQO_t, ou Demanda Química de Oxigênio total, onde a amostra não é filtrada antes da análise. Outros métodos analíticos similares são: o COT ou carbono total de orgânico (TOC em inglês), e o DTO ou demanda total de oxigeno (TOD em inglês).

2. **Demanda Biológica de Oxigênio (DBO_5):** A DBO é um número que resulta de um ensaio biológico executado em uma amostra de efluente realizada em um laboratório analítico. Detalhes sobre o método analítico podem ser encontrados na referência Standard Methods for the Examination of Water and Wastewater 20th Edition; Item: 5210 BIOCHEMICAL OXYGEN DEMAND (BOD)*#(228). Standard Methods for the Examination of Water and Wastewater 20th Edition; Item: 5210 BIOCHEMICAL OXYGEN DEMAND (BOD)*#(228), © Copyright 1999 by American Public Health Association, American Water Works Association, Water Environment Federation, paginas 1149 – 1175. O resultado desta análise é expresso em miligramas de oxigênio consumidos biologicamente por litro da amostra. Tal como a DQO existem variações no método analítico da DBO que podem gerar resultados diferentes. A variação do método frequentemente utilizado é a DBO_5 ou Demanda Biológica de Oxigênio, que é realizado ao longo de cinco dias de incubação. Neste caso o consumo de oxigênio é quantificado na amostra sem filtragem prévia.

Ressalta-se que pela natureza dos métodos analíticos, para uma mesma amostra, o valor da DQO sempre será maior do valor da DBO. Também, o erro analítico implícito nos métodos é bem diferente, sendo que um resultado de um valor de DQO é muito mais preciso do que um valor de DBO.

3. **Vazão do Efluente:** Para quantificar a vazão do efluente é comum utilizar uma canaleta específica, chamada de "Calha Parshall". Nessa calha, mede-se a altura da lâmina de efluente, que é então utilizada para calcular a vazão Martin Wanielista, Robert Kersten and Ron Eaglin. 1997. Hydrology Water Quantity and Quality Control. John Wiley & Sons. 2nd ed.; http://www.ajdesigner.com/phpflume/parshall_flume_equation_flow_rate.php. , que normalmente é expressa em m⊠/hora ou m⊠/dia. Essa calha deverá ser de um tamanho adequado a vazão esperada do efluente.

Nas linhas de efluente alimentado por bombas, podem-se utilizar medidores de vazão do tipo eletromagnético, entre outros. O medidor eletromagnético é frequentemente utilizado onde os efluentes podem ser: (a) corrosivos, (b) contém sólidos suspensos e (c) fluírem em tubos (e não em canaletas abertas). A perda da carga do fluxo na linha criada pela inserção de um medidor eletromagnético é mínima. https://www.google.com.br/url?sa=t&rct=j&q=&esrc=s&source=web&cd=12&cad=rja& uact=8&ved=0CGoQFjALahUKEwiY- s2N6MnHAhWEEpAKHZOzCcc&url=http%3A%2F%2Fftp.demec.ufpr.br%2Fdisciplin as%2FTM117%2FCap-7- Vaz_0.ppt&ei=R0zfVdi6NISlwAST56a4DA&usg=AFQjCNGU4Y9GvNqOOFV3zG6aRc4x 9WzLvg .

Outros tipos de medidores de vazão existem, mas são pouco utilizados nas indústrias de celulose brasileiras.

Normalmente nas indústrias de celulose as medições e os registros das várias vazões são efetuados por meio de instrumentos de forma automática, permitindo o seu acompanhamento em tempo real e efetivando estudos retrospectivos. Essa instrumentação permite a visualização gráfica da variação na vazão do efluente ao longo do tempo, além de avaliar as variações da vazão de forma estatística. O acompanhamento da vazão do efluente é importante a fim de evitar choques excessivos, tanto do tipo hidráulico, quanto do tipo de carga orgânica.

4. **Cargas**: O cálculo das cargas da DQO ou da DBO_5 é relativamente simples, somente sendo necessária a multiplicação da vazão do efluente pelas respectivas concentrações, como no exemplo a seguir:

   [**X** m⬛ de efluente/hora ∗ **Y** mg DQO/litro de efluente] / 1000 = **Z** Kg DQO/hora

Neste caso, devemos enfatizar que uma correta quantificação da vazão também é necessária a fim de evitar eventuais distorções nos resultados.

5. **Relação de Alimentação com Massa, A/M (F/M em inglês)**: O valor da A/M é a relação da quantidade diária de alimentação para a massa de microrganismos mantidos sob aeração. Especificamente, a relação A/M representa a quantidade de BOD_5 entrando no tanque de aeração (kg/dia) dividida pela quantidade (kg) de sólidos suspensos voláteis no tanque de aeração (SSVTA). Observação: Algumas referências usam MLSS (sólidos em suspensão mista) no cálculo da A/M, mas SSVTA é considerado mais preciso para a quantificação de microrganismos. Devido à conveniência do método analítico, a DQO_t pode ser usada em vez da DBO_5. Esse é por que a BOD_5 leva cinco dias para resultados e o erro é muito maior do valor encontrado no resultado utilizando a DQO_t. https://en.wikipedia.org/wiki/Activated_sludge#Activated_sludge_control .

Onde e como se pode medir as cargas de DQO e DBO5 em uma estação de tratamento de efluentes de lodo ativado?

1. Localização das principais fases operacionais em uma estação de tratamento:

Na figura n° 1 apresentada logo abaixo, as principais fases de um sistema de tratamento de efluente de lodo ativado e os locais adequados para monitorar algumas das vazões, o DQO e o DBO₅ que são necessárias para medir as cargas em questão.

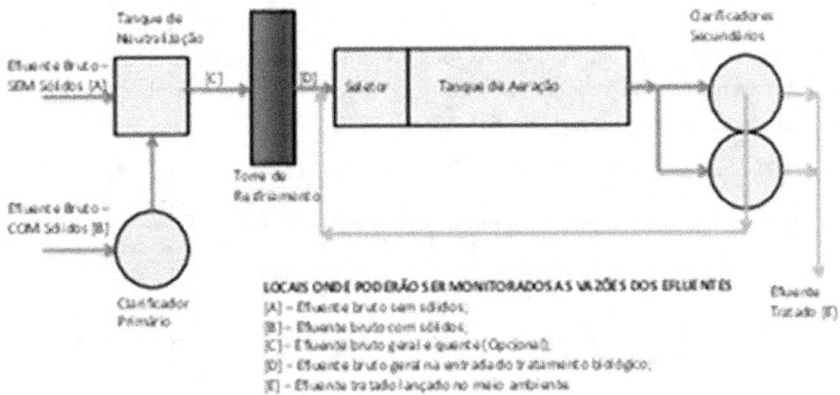

Figura n° 1: Croqui das principais fases operacionais que existem em uma estação de tratamento de efluentes.

Para obter os valores das cargas de DQO e de DBO₅ com um máximo de precisão, é recomendada a realização das coletas das amostras com equipamento automático nos locais indicados no croqui acima. Com os valores resultantes das análises da DQO e DBO₅, e utilizando os valores apropriados para as vazões do efluente, podem-se calcular as cargas entrando ou saindo das várias fases de uma estação de tratamento.

2. Cargas típicas numa estação de tratamento de efluentes de lodo ativado com aeração prolongada:

Na tabela n° 1 a seguir, são apresentados os valores médios de cargas que foram mensurados ao longo de um ano em uma estação de tratamento, em uma grande fábrica de celulose.

Tabela N° 1: Valores Típicos para um Estação de Tratamento de Efluentes do Tipo de Aeração Prolongado

Local	DQO	DBO5	Vazão	Carga DQO	Carga DBO5
	mg/l	mg/l	m³/dia	kg/dia	kg/dia
[A] - Efluente bruto sem sólidos;	2015	883	33.594	67.680	29.677
[B] - Efluente bruto com sólidos;	1487	547	56.185	83.536	30.728
[A] + [B]			89.779	151.216	60.406
[D] - Efluente bruto geral na entrada do tratamento biológico;	1328	699	91.067	120.989	63.681
[E] - Efluente tratado lançado no meio ambiente.	294	36	92.203	27.075	3.278

Observa-se na tabela acima, que diferença de 30.277 kg de DQO$_t$ / dia entre a soma das cargas (Linha [A] + [B] ou seja 151.216) e a entrada do efluente no tratamento biológico (linha [D] ou seja 120.939), representa a quantidade da carga removida pelo clarificador primário. Percebe-se na tabela acima um aumento na carga de DBO$_5$ na entrada dos efluentes combinados no tratamento biológico, (linha [D]), onde, também se esperaria que ocorresse uma redução. Esse aumento pode ser explicado pela entrada de uma carga extra, oriunda das lagoas de emergência que não são contabilizadas.

Apresenta-se na tabela 2 abaixo outro exemplo mais simples, demonstrando os fluxos e cargas de efluentes na entrada da ETE:

Tabela Nº 2: Valores Típicos para um Estação de Tratamento de Efluentes do Tipo de Aeração Prolongado

| Local | DQO | DBO5 | Vazão | Carga DQO | Carga DBO5 |
	mg/l	mg/l	m³/dia	kg/dia	kg/dia
[A] + [B] – Efluente bruto geral na entrada do tratamento primário	1.511	486	75.512	114.130	36.697
[D] – Efluente bruto geral na entrada do tratamento biológico;	1.244	381	72.959	90.773	27.804
[E] – Efluente tratado lançado no meio ambiente.	250	12	72.959	18.221	894

CONCLUSÕES

Neste trabalho foram tratados assuntos referentes às cargas poluidoras orgânicas expressas como DQOt e DBO$_5$ e presentes nos fluxos nos vários pontos ao longo de uma estação de tratamento de efluentes de uma fábrica de celulose moderna. Foram discutidos os seguintes tópicos:

1. Algumas Definições e Conceitos Básicos;
2. Onde e como se pode medir as cargas de DQO e DBO$_5$ em uma estação de tratamento de efluentes de lodo ativado?

Na parte 2 do trabalho pretende-se discutir os seguintes assuntos:

1. Qual é a faixa ideal de controle das cargas de DQO e DBO$_5$ na entrada e na saída da fase de tratamento biológico?
2. Quais são alguns problemas e dificuldades no controle destas cargas em um tanque de aeração?
3. Como se pode controlar as cargas excessivas de DQO e DBO$_5$?

Fotos de alguns tipos de Calha Parshall

A Importância de Monitorar e Controlar as Concentrações e Quantidades das Cargas de DBO$_5$ e DQO em uma Estação de Tratamento de Efluentes de Lodo Ativado - Parte 2

INTRODUÇÃO

Neste trabalho pretende-se apresentar algumas ideias para que o leitor possa obter um melhor entendimento do que são e como podem ser monitoradas e controladas as cargas poluidoras orgânicas. Essas cargas são normalmente definidas a partir das medições da Demanda de Oxigênio Química (DQO) e da Demanda de Oxigênio Biológica (DBO$_5$).

Na parte 2 do trabalho serão tratados assuntos referentes ao monitoramento e controle das cargas poluidoras orgânicas em uma estação de tratamento de efluentes, como indicado abaixo:

1. Qual é a faixa ideal de controle das cargas de DQO e DBO5 encontradas na entrada e na saída da fase de tratamento biológico?
2. Quais são os problemas e dificuldades no controle das cargas encontradas em um tanque de aeração?
3. Como se podem controlar as cargas excessivas de DQO e DBO$_5$?

Qual é a faixa ideal de controle das cargas de DQO e DBO5 encontradas na entrada e na saída da fase de tratamento biológico?

Para determinar uma faixa ideal no controle das cargas de DQO e DBO5, primeiramente é necessário comparar os valores das cargas obtidas em uma estação de tratamento de efluentes em operação, com os valores utilizados no projeto de construção da mesma estação. Na tabela n° 1 apresentada a seguir, podem ser encontrados os valores de projeto. Destaca-se que esses valores não são como vazões de pico (que podem ser de 10 – 15% maiores) utilizadas no projeto da mesma estação. Essas vazões de pico foram resumidas na tabela N° 1 apresentada anteriormente com o título denominado: A Importância de Monitorar e Controlar as Concentrações e Quantidades das Cargas de DBO$_5$ e DQO em uma Estação de Tratamento de Efluentes de Lodo Ativado – Parte 1.

Tabela N° 1: Valores de Projeto de uma Estação de Tratamento de Efluentes do Tipo de Aeração Prolongada

Local	DQO	DBO5	Vazão	Carga DQO	Carga DBO5
	mg/l	mg/l	m³/dia	kg/dia	kg/dia
[A] - Efluente bruto sem sólidos;	1.950	607	71.856	140.100	43.600
[B] - Efluente bruto com sólidos;	792	505	66.144	52.400	33.400
[A] + [B]			138.000	192.500	77.000
[D] - Efluente bruto geral na entrada do tratamento biológico;	1.271	526	131.725	167.475	69.300
[E] - Efluente tratado lançado no meio ambiente.	456	32	131.705	60.000	4.200

Como se observa na tabela 1 acima, os dados das cargas utilizados no desenvolvimento de um projeto de uma estação de tratamento de efluente podem ser comparados com os valores operacionais da mesma estação. Esses dados operacionais podem ser consolidados com base em vários períodos de tempo, conforme as demandas do estudo.

Na tabela N° 2 a seguir, encontram-se, lado ao lado os resultados médios operacionais calculados ao longo de um ano, e os respectivos valores do projeto original.

Tabela N° 2: Comparativo entre os Valores das Cargas de Projeto e Operacionais de uma Estação de Tratamento de Efluentes do Tipo de Aeração Prolongada

Local	Vazão PROJETO m³/dia	Vazão OPERACIONAL m³/dia	Carga DQO PROJETO kg/dia	Carga DQO OPERACIONAL kg/dia	Carga DBO5 PROJETO kg/dia	Carga DBO5 OPERACIONAL kg/dia
(A) - Efluente bruto sem sólidos;	71.856	33.594	140.100	67.680	43.600	29.677
(B) - Efluente bruto com sólidos;	66.144	56.185	52.400	83.536	33.400	30.728
(A) + (B)	138.000	89.779	192.500	151.216	77.000	60.405
(D) - Efluente bruto geral na entrada do tratamento biológico;	131.726	91.067	167.475	128.939	68.300	61.681
(E) - Efluente tratado lançado no meio ambiente.	131.706	82.263	60.000	27.075	4.200	3.278

É preciso ressaltar que quanto menor for o valor da carga de DBO$_5$ efetivamente lançada nos rios, melhor será para o meio ambiente. Olhando para o valor encontrado no canto inferior direto da tabela 2 acima, observa-se que a carga de DBO$_5$ efetivamente lançada no meio ambiente, é menor que o valor do projeto. Então, pode-se deduzir, que a ETE está funcionando bem, em relação a remoção de cargas de DBO$_5$, ou seja ela está removendo suficientemente a carga de poluição que está entrando na estação de tratamento de efluente.

Quais são as faixas ideais de controle das cargas de DQO e DBO5?

Entende-se que existem pelo menos duas maneiras de avaliar as variações nessas cargas e determinar as faixas úteis e operacionais para o controle das mesmas, entrando em uma ETE. Na tabela N° 3 a seguir, levantou-se os valores médios, máximos, mínimos e o desvio padrão de duas cargas poluidoras, entrando no tratamento primário da ETE, ao longo de um ano. Também, incluíram-se linhas indicando as cargas nas entradas utilizadas pelo projeto da mesma ETE, e ainda valores similares, mas que são 50 % maiores. Os últimos valores (50 % maiores e que são chamados valores de picos) foram **estimados** com base nas faixas utilizadas no projeto, que previa variações dos valores de F/M considerados aceitáveis, em relação a todo o volume do tanque de aeração.

Tabela N° 3: Variações nas Médias Diárias da DQO e DBO5 na Entrada da ETE

	[A] – Efluente bruto sem sólidos;		[B] – Efluente bruto com sólidos;	
	Carga DQO	Carga DBO5	Carga DQO	Carga DBO5
	kg/dia	kg/dia	kg/dia	kg/dia
Media	67,680	29,677	83,536	30,728
Max	128,398	80,283	235,875	101,631
Min	14,800	2,964	29,038	16,056
Desvio Padrão	11,498	17,400	28,526	22,634

Para o efluente [A] – efluente bruto sem sólidos, a carga máxima da DQO encontrada, ou seja, 128.398 kg DQO/dia, não superou o valor do projeto de mais 50%, que foi calculada em 210.150 kg DQO/dia. Para os valores da carga de DBO$_5$ do efluente [A], encontrou-se uma situação diferente, pois a carga máxima da DBO$_5$, 80.283 kg DBO$_5$/dia, superou significativamente o valor de pico do projeto, ou seja, que foi calculada em 65.400 kg DBO$_5$/dia.

Para o efluente [B] – efluente bruto com sólidos, os valores máximos, tanto da carga de DQO quanto a carga de DBO5, superaram em muito os respectivos valores de pico do projeto.

Outra maneira de avaliar as variações das cargas na entrada da ETE é de comparar o tamanho do valor médio da uma carga, em porcentagem, com o valor do desvio padrão da mesma sequência de valores. Por exemplo, podem-se utilizar os valores da carga de DQO na entrada do efluente sem sólidos ao longo de um ano. Quanto maior for o desvio padrão das cargas na entrada da ETE, maior é a variação das mesmas cargas em volta do valor médio. Na tabela N° 4 a seguir, pode-se observar variações de 34% a 74% nos desvios padrão e nos valores médios das diversas cargas poluidoras.

Tabela N° 4: Indicação da importância das variações

	%	
Tamanho do Desvio Padrão em relação ao médio do DQO para [B] – Efluente bruto com sólidos;	%	34%
Tamanho do Desvio Padrão em relação ao médio do DBO para [B] – Efluente bruto com sólidos;	%	74%
Tamanho do Desvio Padrão em relação ao médio do DQO para [A] – Efluente bruto sem sólidos;	%	17%
Tamanho do Desvio Padrão em relação ao médio do DBO para [A] – Efluente bruto sem sólidos;	%	59%

Apesar do lançamento de uma carga de DBO$_5$ no meio ambiente encontrar-se abaixo do valor projeto, pode se concluir que as grandes variações das cargas de DQO e DBO$_5$ na entrada da ETE, tornam a operação diária de uma ETE muito difícil, particularmente impedem que ela se torne estável e funcione de forma eficiente.

Quais são os problemas e dificuldades no controle das cargas encontradas em um tanque de aeração?

Como o excesso da carga pode criar problemas? Em um tanque de aeração, o volume é fixo, portanto, é limitada a carga hidráulica do tanque de aeração. Em decorrência deste fato, também o tempo de residência e de depuração das cargas poluidoras é limitado. Quando uma carga poluidora entrar em um tanque de aeração, muito maior do que os limites definidos pelo projeto, não haverá tempo suficiente para que ela possa ser removida.

Ainda é muito importante destacar que existe outro aspecto similar, a questão apresentada acima que diz respeito à limitação no volume do tanque de aeração. No desenvolvimento e implantação de um projeto, a quantidade de ar disponível para misturar e agir com o efluente e com a carga poluente, também é limitado a um valor máximo. Portanto, a quantidade de oxigênio disponível para depuração das cargas, também é limitada.

Nas situações onde ocorrem excessos de cargas poluidoras entrando no tanque de aeração, observa-se que além da massa biológica não ter tempo suficiente de depurar as cargas, também faltará oxigênio.

Essas condições limitantes permitem que se desenvolvam tipos de bactérias anormais e que vão alterar a qualidade física da biomassa, ou do lodo. Mesmo que as variações das cargas em excesso sejam de curta e transitória duração, elas dificultam manter a quantidade da carga final em um nível aceitável. Nessa situação podem ocorrer alterações na qualidade da biomassa que criariam sérias dificuldades no controle de sólidos dentro da fase de tratamento biológico da ETE, e até na quantidade de sólidos suspensos no efluente tratado.

Como uma carga de poluentes insuficiente pode criar problemas na operação de uma ETE?

Os casos onde ocorre uma falta de carga de DQO ou DBO5 não são muito frequentes, e em geral são mais fáceis de resolver. Mas os problemas que podem surgir são similares à situação de um excesso da carga, mas no sentido inverso. Nas situações onde a carga de poluente e a carga hidráulica são insuficientes, o tempo de depuração será mais longo do que o estipulado no projeto, e a biomassa ou lodo vai ficar em contato excessivo com o ar e o oxigênio. Os resultados destas condições também podem criar problemas na qualidade da biomassa e no controle de sólidos dentro da ETE. Dentro destes problemas em geral, destaca-se o fenômeno chamado "pin floc", onde os flocos de lodo ficam pequenos e quebrados.

Como se podem controlar as cargas excessivas de DQO e DBO5?

O controle das cargas de DQO e DBO$_5$ na entrada da ETE é ao mesmo tempo uma operação muito importante no controle diário de uma ETE, e também das mais difíceis a ser executada. O operador da ETE normalmente tem pouca possibilidade de modificar a quantidade e a qualidade do efluente bruto que é enviado à ETE. Quando ele toma conhecimento sobre modificações significantes relacionadas a qualidade e quantidade de efluente, muitas vezes é tarde demais para efetivar o controle necessário. O excesso da carga hidráulica e poluente já poderá estar dentro da fase de tratamento primário ou secundário da ETE.

Um operador tem duas formas básicas de tentar controlar e limitar que um excesso da carga como DQO e DBO5 entre na estação de tratamento. A primeira forma diz respeito à atenção e ao acompanhamento constante das condições operacionais das áreas produtivas da planta. A segunda forma, diz respeito ao uso adequado das lagoas de emergência. Talvez seja possível acrescentar uma terceira opção, que seria a integração das duas formas apontadas acima.

Observa-se que na primeira forma de controle, um operador deverá acompanhar os níveis dos diversos tanques dos licores e águas existentes nas diversas áreas produtivas. Nesta forma de controle deverão ser monitorados, também os diversos parâmetros de qualidade dos efluentes setoriais. Essas informações deverão ser disponibilizadas on-line, como se destaca a seguir: pH, condutividade e a própria vazão dos efluentes setoriais. A atenção do operador deverá ser redobrada durante as paradas eventuais da fábrica, sejam elas emergenciais ou planejadas. Uma estreita interação dos operadores com os supervisores e os responsáveis pelas áreas produtivas podem contribuir bastante para o controle da carga poluidora enviada a ETE. Esse controle deve ocorrer por meio do acompanhamento de picos, dentro de um turno específico de operação e de forma diária. Também, contribui muito para um melhor controle das cargas poluidoras por parte dos operadores da ETE, o entendimento e o acompanhamento dos procedimentos operacionais padronizados pelas áreas produtivas, como a respeito dos programas ISO 14.001 e ISO 9.000.

O desvio do efluente bruto para uma ou mais lagoas de emergência é outra forma que um operador pode utilizar para controlar e limitar a entrada excessiva de cargas de DQO e DBO5 na ETE. Neste caso, não é dispensável a necessidade do operador se envolver e interagir com os supervisores das áreas produtivas. O uso do volume livre das lagoas não pode ser aplicado em uma forma continua, pois, pode-se chegar a um momento em que a lagoa ou lagoas ficarão cheias. No momento do desvio do efluente para a lagoa de emergência, é necessário que se estabeleça um plano de retorno do efluente para a ETE, onde ele será tratado adequadamente.

Deverá ser uma meta de educação permanente, dentro dos programas de melhoria de qualidade e meio ambiente, o entendimento dos operadores e supervisores das áreas produtivas, quanto às razões e justificativas de se utilizar ou não as lagoas de emergência. Diante desta perspectiva deve ficar claro para os operadores que um dia, o efluente pode ser enviado com uma carga excessiva de poluentes para a ETE, devido ao fato das lagoas de emergência encontrar-se com seu nível baixo. Entretanto, em outros dias não pode ser mandado para a ETE nada além do "normal", devido às lagoas de emergência encontrar-se cheias.

Quando se fala sobre a necessidade de controlar a carga de DBO_5 existente no efluente na saída do tratamento biológico e seu lançamento ao meio ambiente, entende-se que é preciso limitar as cargas de poluentes e hidráulicas a um valor máximo que é estipulado por um órgão ambiental do governo. O lançamento do efluente no ponto final de tratamento deve ser realizado com as menores cargas possíveis. Com a exceção da implantação e aplicação de tratamentos do tipo terciários, não é possível controlar as quantidades das cargas neste ponto final. A quantidade da carga poluente que sai da estação de tratamento sempre vai depender de três fatores: da quantidade de cargas que entram na ETE, da relação destas cargas com o tamanho físico da estação, e das condições operacionais em geral da ETE.

Nos trabalhos efetivados e publicados pelo autor no site nos meses anteriores, foram focalizadas algumas das variáveis operacionais que necessitam ser bem controladas para que a eficiência da remoção da carga poluente possa ser mantida e que a carga de DBO_5 efetivamente lançada seja controlada. Se ao longo da estação de tratamento não são controladas as variáveis como: (1) a quantidade de oxigênio dissolvido no tanque de aeração, (2) o pH do efluente, (3) a temperatura do efluente, (4) a quantidade de nutrientes disponível, (5) a descarte do excesso de biomassa ou lodo gerado, entre outras, então não será possível obter uma carga mínima de DBO_5 no efluente final.

CONCLUSÕES

Neste trabalho foram tratados os assuntos referentes às cargas de DQO e DBO_5 encontradas nos efluentes ao longo de uma estação de tratamento de uma fábrica de celulose moderna. Os itens tratados foram:

- Qual é a faixa ideal de controle das cargas de DQO e DBO5 encontradas na entrada e na saída da fase de tratamento biológico?
- Quais são os problemas e dificuldades no controle das cargas encontradas em um tanque de aeração?
- Como se podem controlar as cargas excessivas de DQO e DBO_5?

No próximo trabalho, parte 3, pretende-se abordar alguns aspectos sobre o conceito de Relação de Alimentação com Massa (A/M ou F/M em inglês), onde as cargas de DQO e DBO_5 serão relacionadas com as concentrações de sólidos nos tanques de aeração.

Foto de um tanque de aeração

6. A Importância de Monitorar e Controlar as Cargas de DBO5 e DQO - Parte 3

7. NTRODUÇÃO

Em continuação a análise relacionada às cargas de DQO e DBO₅, no presente trabalho examina-se alguns aspectos em relação a variável A/M (relação alimentação com a biomassa), ou comumente chamados em inglês de F/M. Analisa-se, também como essa variável pode ser controlada em uma estação de tratamento de efluentes de lodo ativado.

Especificamente, serão tratados os seguintes itens:
1. Algumas definições e conceitos básicos;
2. A faixa ideal para o controle da variável A/M;
3. Variações na relação A/M e suas implicações biológicas na biomassa.

Algumas Definições e Conceitos Básicos

Algumas definições e conceitos em relação às cargas da DQO, DBO₅ e A/M já foram apresentados anteriormente, como, também já foram analisados aspectos relacionados à importância de oxigênio no tratamento de efluentes. http://celuloseonline.com.br/tratamento-de-efluentes-david-meissner-importancia-de-oxigenio-parte-2/. Entretanto, entende-se que vale a pena repetir o que já foi descrito anteriormente, bem como acrescentar alguns comentários adicionais, sobre esses conceitos.

1. **Cargas**: O cálculo das cargas da DQO ou da DBO₅ é relativamente simples. Ele implica na multiplicação da vazão do efluente pelas respectivas concentrações da DQO ou da DBO₅, como se demonstra no exemplo a seguir:

   [X m$\boxtimes$ de efluente/hora $*$ Y mg DQO/litro de efluente] / 1000 = Z Kg DQO/hora

   Neste caso, devemos enfatizar que para esse cálculo, é necessário que se tenha uma correta quantificação da vazão do efluente, a fim de se evitar eventuais distorções nos resultados.

2. **Relação de Alimentação com Massa - A/M (ou F/M em inglês)**: O valor da A/M é representado pela relação da quantidade diária de alimentação para os micro-organismos com a massa de microrganismos mantidos sob aeração. Esse conceito parte da premissa de que a quantidade de alimento ou substrato disponível por unidade de massa dos micro-organismos encontra-se relacionado com a eficiência do sistema de tratamento biológico. Especificamente, trata-se da quantidade de BOD₅ entrando no tanque de aeração (kg/dia) dividida pela quantidade (kg) de sólidos suspensos voláteis existentes no tanque de aeração (SSVTA). Observação: Algumas referências utilizam a variável MLSS (SST, sólidos em suspensão mista ou totais) para representar a quantidade da massa de microrganismos. Entretanto, a variável SSVTA é considerada mais precisa. Também, o resultado do método analítico para a DQOt pode substituir o resultado do método analítico para a DBO₅. Tal fato acontece porque o método analítico da DQOt ser mais rápido e preciso. É preciso lembrar que o método analítico para a

determinação do valor da BOD$_5$ demora cinco dias para que se obtenha um resultado. Mesmo assim, o resultado obtido por esse método apresenta erro muito maior do que encontrado no valor da DQOt. https://en.wikipedia.org/wiki/Activated_sludge#Activated_sludge_control.
Neste trabalho, mesmo não sendo mais preciso e rápido, serão expressos os valores de A/M nas unidades de kg BOD$_5$ / (kg SST.d).

A seguir destaca-se uma citação do professor Foelkel sobre o conceito A/M:

"A relação F/M (como mais comumente é conhecida) nos dá uma indicação da quantidade de alimento que está sendo oferecido ou disponibilizado para uma determinada quantidade de massa de microrganismos no reator ou no seletor. Com a rápida biodegradação dessa massa alimentícia, formam-se novas células e corpos de microrganismos no reator. Com isso, a relação F/M diminui rapidamente no início do tratamento, seja no seletor, ou direto no reator (na falta de seletor), como é lógico de se esperar. Essa redução rápida pode variar entre 65 a 80%, principalmente em função da carga de oxigênio e da presença de material orgânico facilmente metabolizável na composição de F. " http://eucalyptus.com.br/eucaliptos/PT34_Lodos_Ativados.pdf.

3. **Bactérias filamentosas:** "As bactérias filamentosas estão presentes no processo de lodos ativados no interior ou no entorno dos flocos bacterianos formando a sua macroestrutura. A presença destes organismos contribui para uma boa eficiência do processo, já que também possuem capacidade de consumir matéria orgânica e, consequentemente de produzir um efluente industrial final de boa qualidade. " http://aplysia.com.br/blog/13-08-2010/saiba-como-as-bacterias-filamentosas-ajudam-a-aumentar-a-performance-das-estacoes-de-tratamento-dos-efluentes-industriais.

4. **Bulking filamentoso**: "Quando encontrados em quantidade excessiva em lodos ativados formando o bulking filamentoso, as bactérias filamentosas formam uma macroestrutura semelhante a uma rede, que interfere na sedimentação e compactação do floco bacteriano pela produção de um floco com estrutura difusa ou por crescimento em profusão dos filamentos em solução e formando ponte entre eles. " http://aplysia.com.br/blog/13-08-2010/saiba-como-as-bacterias-filamentosas-ajudam-a-aumentar-a-performance-das-estacoes-de-tratamento-dos-efluentes-industriais.

5. **Seletores:** "Os seletores têm a finalidade de causar forte turbilhonamento e altas taxas de injeção de oxigênio, para com isso, promover e estimular o crescimento das bactérias formadoras de flocos e reduzir em grande proporção a quantidade de alimento (redução rápida e drástica de DBO – ou alimento). ..... Os seletores favorecem muito o crescimento microbiológico e de forma controlada em relação às espécies que estimula crescer. " http://eucalyptus.com.br/eucaliptos/PT34_Lodos_Ativados.pdf.

6. **Taxa de crescimento**: "A taxa de crescimento bacteriano é função do seu número [de células], massa ou concentração em um dado instante. Matematicamente, tal relação pode ser expressa como: dt/dX = µX; Onde: X = concentração de micro-organismos (mg/L); µ = taxa de crescimento específica (dias-1); t = tempo (dias). " http://www.geotecnia.unb.br/downloads/teses/038-2006.pdf.

7. **Idade do Lodo – IL ou Θ$_c$**: Este conceito é muito importante na operação de uma ETE, e seu controle é fundamental para manter a qualidade do lodo e o seu IVL reduzido. A idade do lodo é expressa pela razão entre a massa de sólidos no sistema e a massa de sólidos retirada do sistema por unidade de tempo. Normalmente o valor é expresso em número de dias que o lodo permanece dentro da ETE. A idade do lodo tem o mesmo sentido do tempo de retenção de lodo, Θ$_c$, (ou SRT - sludge retention time em inglês) como, também, a média de tempo de residência celular, MTCR, (ou MCRT - mean celular retention time em inglês). Para obter mais detalhes sobre a questão pode-se consultar a referência, http://www.wastewaterinfo.com/Formulas/MCRT/mcrt.html, onde o autor descreve a: "sludge age, SRT, and MCRT all mean the same thing and are calculated in the exact same way".

A faixa ideal de controle da variável A/M

No trabalho anterior (parte 2) discutiram-se aspectos relacionados ao valor A na relação A/M, analisando-se a seguinte questão: Qual é a faixa ideal de controle das cargas de DQO e DBO5? Na série de estudos sobre Sólidos discutiram-se os aspectos relacionados ao valor M na relação A/M. Particularmente apresentou-se uma análise sobre a importância de controlar as concentrações e quantidades de sólidos e biomassa em uma estação de tratamento de efluentes de lodo ativado http://celuloseonline.com.br/tratamento-de-efluentes-david-charles-meissner-a-importancia-de-controlar-as-concentracoes-e-quantidades-de-solidos-e-biomassa-em-uma-estacao-de-tratamento-de-efluentes-de-lodo-ativado-p/.Agora, será analisada a relação destes dois valores (A e M) e algumas das implicações em relação aos valores utilizados em estações de tratamento de efluente do tipo de aeração prolongada com seletores aeróbicos no início da fase do tratamento biológico.

Em termos gerais pode-se observar em relação ao valor de A/M que:

- Quanto mais baixo for o valor A/M, mais estável será o sistema de tratamento biológico;
- Quando o valor de A/M for muito elevado, a população biótica faminta será reduzida e sobrará comida;
- Quando o valor de A/M for muito baixo, a população biótica faminta será excessiva e faltará comida;

Em forma numérica e para projetar estações de tratamento de efluente com boa eficiência na remoção das cargas orgânicas, o especialista Marcus Von Sperling apresenta alguns valores de A/M no seu trabalho de referência https://www.scribd.com/doc/19590008/Lodos-Ativados-Von-Sperling, slide n° 40.

- Lodos ativados convencionais: A/M = 0,3 a 0,8 kg DBO5/kg SSV.d
- Aeração prolongada: A/M = 0,08 a 0,15 kg DBO5/kg SSV.d

Para expressar os valores acima em kg BOD_5 / (kg SST.d), pode-se utilizar um valor de correção normalmente encontrado em estações de tratamento de efluentes de 0,8 de kg SSV/kg SST. Efetuando essa correção se obtém os seguintes resultados:

- Lodos ativados convencionais: A/M = 0,38 a 1,0 kgDBO5/kg SST.d
- Aeração prolongada: A/M = 0,10 a 0,19 kgDBO5/kg SST.d

Analisando de forma mais detalhada a relação A/M apresenta-se a seguir, a tabela n° 1 referente a três projetos de estações de tratamento de efluentes do tipo aeração prolongada e com seletores que foram utilizados em indústrias de celulose.

Dados do Efluente - Entrada Tanque de Aeração		Fábrica A	Fábrica B	Fábrica C
Vazão	m3/h	5.750	4.000	6.500
DBO5 (na entrada TA)	Kg/d	77.000	33.000	84.000
DBO5 (na entrada TA)	mg/l	558	344	538
DQO (na entrada TA)	Kg/d	192.500	110.000	210.000
DQO (na entrada TA)	mg/l	1.396	1.146	1.346
Volume total do tanque de aeração	m3	129.950	80.000	165.000
Volume do seletor	m3	11.960	7.500	15.000
Volume Aeração com fluxo pistão	m3	117.990	72.500	150.000
Carga DBO5 no seletor	kgBOD/m3.d	5,80	4,40	5,60
Carga DQO no seletor	kgCOD/m3.d	14,50	14,67	14,00
A/M DBO5 no seletor	kgBOD/kgMLSS.d	1,2 (MLSS 5,0 g/l)	1,1 (MLSS 4,0 - 6,0 g/l)	1,1 (MLSS 5,0 g/l)
A/M DQO no seletor	kgCOD/kgMLSS.d	2,8 (MLSS 5,0 g/l)	3,7 (MLSS 4,0 - 6,0 g/l)	2,8 (MLSS 5,0 g/l)
Remoção da DQO no seletor	%	50	50	50
Remoção da DQO total no tratamento biológico	%	68,8	65	77
Remoção da DQO total no tratamento biológico	kg/d	132.500	71.500	162.500
Carga DBO5 TOTAL	kgBOD/m3.d	0,59	0,41	0,51
Carga DQO TOTAL	kgCOD/m3.d	1,42	1,375	1,27
A/M DBO5 TOTAL	kgBOD/kgMLSS.d	0,10-0,15 (MLSS 5,0 g/l)	0,1 (MLSS 4,0 - 6,0 g/l)	0,086-0,13 (MLSS 5,0 g/l)
A/M DQO TOTAL	kgCOD/kgMLSS.d	0,24-0,36 (MLSS 5,0 g/l)	0,3 (MLSS 4,0 - 6,0 g/l)	0,21-0,32
Tempo de retenção	horas	22,6	20,0	25,4
Idade do lodo	days	20-30	20 - 30	16-24

Tabela N° 1.

É interessante observar nos valores grifados em azul, que os seletores do sistema de tratamento biológico têm a relação A/M projetada no topo do limite dos valores indicados para os projetos de lodos ativados convencionais, como referenciados por Von Sperling. Porém os valores da A/M TOTAL são coerentes com os valores da mesma referência. A explicação para essa diferença será discutida abaixo.

Contrastando os valores apresentados na Tabela 1 que se referem a Fábrica A (cujo projeto conta com duas linhas paralelas de fluxo na fase do tratamento biológico), visualiza-se na tabela N° 2 os valores calculados reais e efetivamente praticados ao longo de um ano:

kg DBO5/(kg SSV.d)	TABELA N° 2 - RESUMO RESULTADOS REAIS -			
	A/M Seletor1	A/M Seletor2	A/M Reator1	A/M Reator2
Media	1,63	1,61	0,04	0,05
Max	3,61	3,45	0,10	0,17
min	0,41	0,43	0,01	0,01
desvio padrão	0,47	0,43	0,02	0,02

Ainda na tabela N° 2 é possível observar em relação aos reatores 1 e 2, e com base na relação A/M em sua forma total, que os valores médios da relação A/M são menores dos projetados, e os valores máximos encontram-se acima da faixa utilizada no projeto da estação de tratamento de efluente. Para os valores da relação A/M dos seletores 1 e 2, as médias encontradas são maiores do que a faixa utilizada no projeto. Neste caso os valores máximos são bem superiores ao projeto. Algumas das possíveis implicações de se operar uma estação de tratamento de efluente que funcione nesta situação serão discutidas posteriormente.

Na tabela N° 3 abaixo se apresenta algumas informações relacionadas a um determinado tipo de estação de tratamento de efluentes que é diferente das estações do tipo de aeração prolongado. A tabela contém somente um resumo dos dados de um projeto para a primeiro estágio de aeração, calculado para uma estação de tratamento de efluentes do tipo Attisholz.

TABELA N° 3 - Dados do Projeto:		
Fator de carga (A/M) =	0,56	kg DBO5/kg SST.dia
Volume =	5400	m³
Carga =	3,43	Kg DBO5 m³/dia
Sólidos =	7,0	Kg SST/m³
Recirculação de lodo =	200	%
Retenção =	5,22	horas

Uma estação de tratamento de efluentes do tipo Attisholz é projetada e operada mais ou menos, como se fossem duas estações "normais" de lodos ativados colocada em série. Porém, o primeiro estágio é mais compacto do que em uma estação de lodos ativados convencional e, normalmente remove cerca de 80% da carga da DBO$_5$ no efluente. O segundo estágio, é maior do que seria em uma estação de lodos ativados convencional. Esse segundo estágio é também projetado para remover cerca de 80% da carga remanescente da DBO$_5$. Na tabela N° 3, apresentada acima, pode se ver que o valor de A/M para o primeiro estágio encontra-se dentro da faixa da referência apontada por Von Sperling, A/M = 0,38 a 1,0 kgDBO5/kg SST.d. Porém, devido à grande redução na carga no primeiro estágio, a relação A/M no segundo estágio ficará bem menor, aproximando-se da faixa utilizada para estações de aeração prolongada onde A/M é igual a 0,10 a 0,19 kgDBO5/kg SST.d.

Variações na relação A/M e suas implicações biológicas na biomassa

Pode se definir na fase de tratamento biológico das estações de tratamento de efluentes do tipo aeração prolongada e com um seletor, três grandes volumes de depuração existentes dentro dos tanques de aeração. O primeiro volume é denominado como o "seletor" propriamente dito. O segundo volume é denominado como "depuração". Finalmente, o terceiro volume é denominado de "polimento" e, embora ele seja fisicamente integrado ao segundo, conceitualmente ele pode considerado separado.

Antes de tratar estes três volumes, vale a pena considerar a figura 1 a seguir:

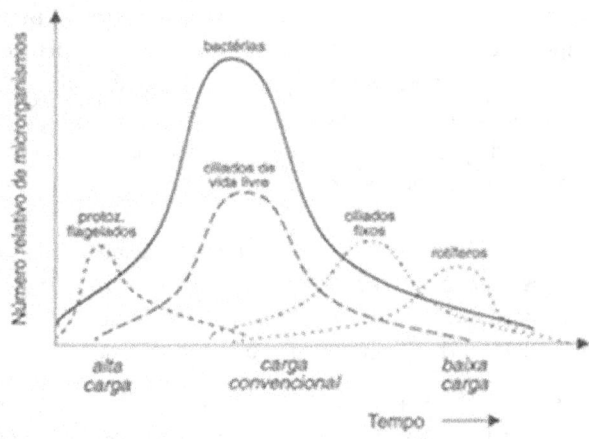

Figura N° 1: Sequência da predominância relativa dos micro-organismos no tratamento de esgotos, modificado do original de METCALF & EDDY, 1990 e que pode ser encontrado nas seguintes referências bibliográficas:

http://www.ctec.ufal.br/professor/elca/Fundamentos%20de%20Microbiologia%20do %20Tratamento%20de%20Esgotos.pdf,   e http://www.comitepcj.sp.gov.br/download/Curso-Trat-Esgoto_Capitulo- 4.pdfhttp://www.comitepcj.sp.gov.br/download/Curso-Trat-Esgoto_Capitulo-4.pdf. Para ler uma discussão geral da microbiologia dos lodos ativados pode-se consultar a referência do autor da PUC – Rio, http://www.maxwell.vrac.puc-rio.br/15510/15510_3.PDF, bem como outras disponíveis na internet.

Observando o gráfico acima se destaca as três regiões indicadas no eixo X do Tempo, que são: alta carga, carga convencional, e de baixa carga. Essas regiões podem se relacionar com os três volumes definidos acima.

Volume de "Seletor". Como funciona um "Seletor" numa estação de tratamento de lodos ativados? No futuro, o autor poderá tratar com mais detalhes sobre o assunto para tentar responder esta pergunta. Por ora, é suficiente dizer que no seletor dos tanques de aeração, as bactérias são "selecionadas" pelas condições de excesso de alimentação, e outras condições como a respeito do pH, OD, temperatura, etc. que, também, tem que ser adequadas. Essas condições permitem um crescimento rápido das bactérias e, consequentemente uma redução significativa do alimento e da carga poluidora. Como evidenciado na figura acima, no seletor o valor (A/M) é alto, o que permite um favorecimento da formação de protozoários flagelados. Também nestas condições, o crescimento da bactéria filamentosa encontra-se mais limitado, permitindo a formação do lodo de melhor qualidade. Neste primeiro volume ocorre um crescimento rápido das bactérias do tipo "formadores de flocos", que vão ajudar na aglutinação de todas as bactérias existentes dentro do tanque de aeração, particularmente   no   segundo   volume.   Ver: http://www.ecpconsulting.in/docs/selectors_wastewater_treatment.pdf.   Devido   à situação de crescimento rápido das bactérias, a fase de tratamento biológico se torna menos sujeita a choques e fica mais estável, em relação a qualidade do lodo.

Volume de "depuração": Neste segundo volume do tanque de aeração, a relação A/M é bem menor do que no seletor, e encontra-se num valor convencional. Aqui existem condições para a formação dos flocos, com a presença de bactérias diversas e ciladas de vida livre.

Volume de "polimento": No terceiro volume do tanque de aeração, a relação A/M é bem baixa. Essa situação possibilita o crescimento de rotíferos e micro--organismos mais desenvolvidos. Estes micro-organismos são capazes de "comer" os sólidos suspensos em geral, e em particular as bactérias que não se fixaram nos flocos.

Alguns problemas com o descontrole da relação A/M.

No volume do seletor: revendo a tabela 2, pode-se observar que os valores da relação A/M ficaram acima dos valores do projeto, e com grandes variações. Pode-se imaginar que nestas condições poderiam acontecer diversas coisas, como: uma falta de oxigênio, menor tempo de residência dos sólidos no seletor, etc. Todas essas falhas dificultam que um lodo de boa qualidade seja formado no segundo volume do tanque de aeração. Neste caso, não é possível determinar as razões que levaram a um valor médio excessivo de A/M no seletor, sem que se avaliem as variações individualmente, nas quantidades das "cargas orgânicas", A, e das quantidades de "massa", M. Algumas sugestões de para controlar as "cargas orgânicas" foram apresentadas no item 3 da parte 2 deste mesmo tema. Algumas sugestões de como controlar os sólidos foram apresentadas no item 3 do tema sobre sólidos.

CONCLUSÕES

Neste trabalho foram tratados os assuntos referentes ao conceito da Relação de Alimentação com Massa (A/M ou em inglês F/M), onde as cargas de DQO e DBO_5 foram relacionadas com as concentrações de sólidos nos tanques de aeração. Foram analisadas, também as implicações biológicas das variações desta relação.

Especificamente, foram tratados os seguintes itens:

1. Algumas Definições e Conceitos Básicos;
2. A faixa ideal de controle da variável A/M;
3. Variações na relação A/M e as implicações biológicas.

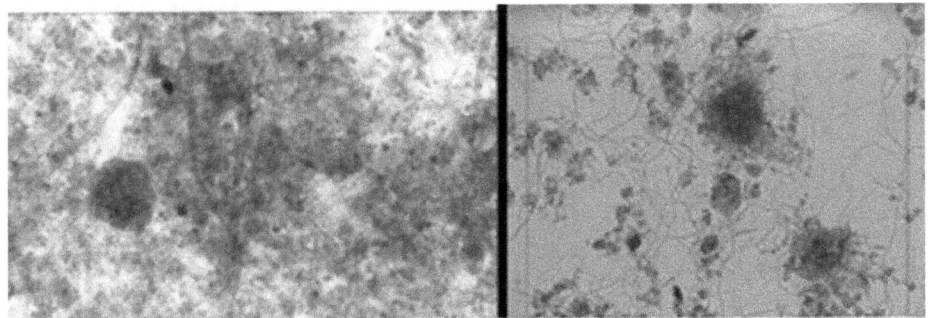

Fotos de alguns tipos de bactérias encontradas em um tanque de aeração.

7. A Importância de Monitorar e Controlar as Quantidades das Cargas Hidráulicas em uma Estação de Tratamento de Efluentes de Lodo Ativado – Parte 1

INTRODUÇÃO

Neste trabalho pretende-se apresentar algumas ideias para que o leitor possa obter um melhor entendimento sobre o que são cargas hidráulicas. Busca-se, também analisar como elas podem ser monitoradas, controladas e eventuais problemas causados pelo seu descontrole. Essas cargas normalmente são definidas a partir das medições das vazões ao longo das diversas etapas de uma estação de tratamento de efluentes.

A parte 1 tratará os seguintes assuntos:

1. Algumas definições e conceitos básicos;
2. Onde e como se pode medir e monitorar as cargas hidráulicas em uma estação de tratamento de efluentes de lodo ativado;

A parte 2 tratará os seguintes assuntos:

1. Na fase de tratamento biológico, quais são as faixas tipicamente utilizadas para controlar a carga hidráulica e o seu tempo de retenção?
2. Como se podem controlar as cargas hidráulicas excessivas?
3. Quais são os problemas e dificuldades resultantes da falta do controle das cargas hidráulicas, entrando em uma ETE e, especificamente, em um tanque de aeração?

Algumas definições e conceitos básicos

Algumas definições e conceitos sobre o tema já foram tratados na segunda parte dos trabalhos sobre a importância de oxigênio.[1] Entende-se, entretanto, que vale a pena enfatizar o que já foi escrito originalmente, acrescentando alguns comentários adicionais.

- **Vazão do Efluente**: Para quantificar a vazão do efluente é comum utilizar uma canaleta específica, chamada de "Calha Parshall". Nessa calha, mede-se a altura da lâmina de efluente, que é então utilizada para calcular a vazão[2], que normalmente é expressa em m⊠/hora ou m⊠/dia. Essa calha deverá ser do tamanho adequado à vazão esperada do efluente.

Nas linhas de efluente alimentado por bombas, podem-se utilizar medidores de vazão do tipo eletromagnético, entre outros. O medidor eletromagnético é frequentemente utilizado onde os efluentes podem ser: (a) corrosivos, (b) contém sólidos suspensos e (c) fluírem em tubos (e não em canaletas abertas). A perda da carga do fluxo na linha criada pela inserção de um medidor eletromagnético é mínima.[3]

Outros tipos de medidores de vazão existem, mas são pouco utilizados nas indústrias de celulose no Brasil.

Normalmente, nas indústrias de celulose, as medições e os registros das várias vazões são efetuados por meio de instrumentos e de forma automática, permitindo o seu acompanhamento em tempo real e efetivando estudos retrospectivos. Essa instrumentação permite a visualização gráfica da variação na vazão do efluente, ao longo do tempo, além de avaliar as variações da vazão de forma estatística. O acompanhamento da vazão do efluente é importante, a fim de se evitar choques excessivos, tanto do tipo hidráulico, quanto do tipo de carga orgânica.

- **Tempo de Detenção / Retenção / Residência Hidráulica**: Esses três nomes representam o volume de líquido no sistema dividido pelo volume de líquido retirado do sistema por unidade de tempo. Ou seja:

TDH = V/Q

Onde:

- TDH = tempo de detenção hidráulica expresso em horas (h) ou dias (d);
- V = volume total do reator (m³);
- Q = vazão (m³/d).

- Taxa de Carga Hidráulica (Volumétrica):

A carga volumétrica equivale ao inverso do tempo de detenção hidráulica no reator.[4] Essa carga pode ser entendida como a quantidade (volume) de esgotos aplicados diariamente ao reator, por unidade do mesmo, calculada pelas equações abaixo:

CHV = Q/V

Onde:

- CHV = carga hidráulica volumétrica (m³/m³.d);
- V = volume total do reator (m³);
- Q = vazão (m³/d).

Onde e como se pode medir e monitorar as cargas hidráulicas em uma estação de tratamento de efluentes de lodo ativado;

Localização das principais fases operacionais em uma estação de tratamento:

Veja na figura n° 1 que será apresentada a seguir, as principais fases de um sistema de tratamento de efluente de lodo ativado e os locais adequados para monitorar algumas das vazões, que são necessárias para medir as cargas hidráulicas em questão.

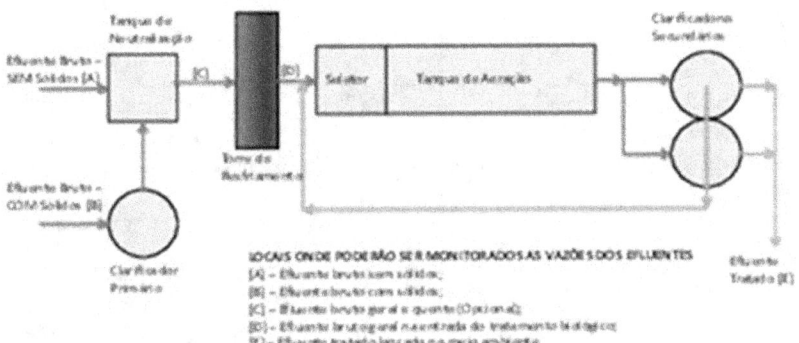

Figura n° 1: Croqui das principais fases operacionais que existem em uma estação de tratamento de efluentes.

Para obter os valores das cargas hidráulicas com um máximo de precisão, é recomendado a utilização de medidores de vazão que geram valores da forma contínua. Com esses valores de vazão do efluente e as dimensões físicas dos tanques e equipamentos, podem-se calcular as cargas hidráulicas, entrando ou saindo das várias fases de uma estação de tratamento.

Nota se, que em condições normais de operação de uma ETE, os tamanhos físicos dos equipamentos são constantes. Desta forma, podem-se monitorar as variações nas cargas hidráulicas acompanhando as mesmas, pela simples variação nas vazões do efluente.

- Cargas hidráulicas típicas numa estação de tratamento de efluentes de lodo ativado com aeração prolongada e do tipo Attisholz:

As quatro tabelas apresentadas a seguir, representam valores operacionais típicos, de diversos projetos, de picos de cargas hidráulicas e os tempos de retenção em três estações de tratamento do tipo aeração prolongado existentes em grandes fábricas de celulose e em uma estação de tratamento do tipo Attisholz.

Dados do Efluente - Entrada Tanque de Aearação		Fábrica A - jan/13	Fábrica A - Projeto	Fábrica A - Projeto PICO
Vazão	m3/h	4.856	5.802	6.981
Volume total do tanque de aeração	m3	129.950	129.950	129.950
Volume do seletor	m3	11.960	11.960	11.960
Volume Aeração com fluxo pistão	m3	117.990	117.990	117.990
Carga Hidráulica Volumétrica	m3/m3.d	0,897	1,072	1,289
Tempo de retenção - Aeração	horas	24,3	20,3	16,9

Dados do Efluente - Entrada Tanque de Aearação		Fábrica B - nov - dez/2010	Fábrica B - Projeto	Fábrica B - Projeto PICO
Vazão	m3/h	3.212	4.000	5.300
Volume total do tanque de aeração	m3	80.000	80.000	80.000
Volume do seletor	m3	7.500	7.500	7.500
Volume Aeração com fluxo pistão	m3	72.500	72.500	72.500
Carga Hidráulica Volumétrica	m3/m3.d	0,964	1,200	1,590
Tempo de retenção - Aeração	horas	24,9	18,1	13,7

Dados do Efluente - Entrada Tanque de Aearação		Fábrica C - aug - set/2013	Fábrica C - Projeto	Fábrica C - Projeto PICO
Vazão	m3/h	4.812	6.343	7.527
Volume total do tanque de aeração	m3	165.000	165.000	165.000
Volume do seletor	m3	15.000	15.000	15.000
Volume Aeração com fluxo pistão	m3	150.000	150.000	150.000
Carga Hidráulica Volumétrica	m3/m3.d	0,700	0,923	1,095
Tempo de retenção - Aeração	horas	34,3	23,6	19,9

Dados do Efluente - Entrada Tanques de Aearação - Processo tipo Attisholz		Fábrica D - dez/07 - mar/08	Fábrica D - Projeto	Fábrica D - Projeto PICO
Vazão	m3/h	3.032	2.212	2.995
Volume tanques de aeração 1º Estágios	m3	16.200	16.200	16.200
Volume tanques de aeração 2º Estágios	m3	6.208	6.208	6.208
Volume Aeração Total	m3	22.408	22.408	22.408
Carga Hidráulica Volumétrica	m3/m3.d	3,248	2,369	3,208
Tempo de retenção - Aeração	horas	7,4	10,1	7,5

Pode-se observar, que nas três estações do tipo aeração prolongada (e de construção mais recente), as condições operacionais típicas utilizam uma carga hidráulica volumétrica menor do que foram projetadas e, portanto, os seus tempos de retenção são maiores. Nas condições operacionais típicas da estação com um processo do tipo Attisholz (que representa um projeto mais antigo), utiliza-se uma carga hidráulica volumétrica e um tempo de retenção próximo do pico do projeto.

CONCLUSÕES

Nesta parte 1 foram tratados assuntos referentes à carga expressa em metros cúbicos de efluente por hora ou por dia, entrando e saindo de uma estação de tratamento de efluentes de lodo ativado de fábricas de celulose modernas. Foram discutidos os seguintes tópicos:

1. Algumas definições e conceitos básicos;
2. Onde e como se pode medir e monitorar as cargas hidráulicas em uma estação de tratamento de efluentes de lodo ativado;

A parte 2 tratará os seguintes assuntos:

3. Qual é a faixa ideal de controle das cargas hidráulicas encontradas na entrada e na saída da fase de tratamento biológico?
4. Como se podem controlar as cargas hidráulicas excessivas?
5. Quais são os problemas e dificuldades resultantes da falta do controle das cargas hidráulicas, entrando em uma ETE e, especificamente em um tanque de aeração?

Fotos de alguns tipos de Calha Parshall

7. A Importância de Monitorar e Controlar as Quantidades das Cargas Hidráulicas em uma Estação de Tratamento de Efluentes de Lodo Ativado – Parte 2

INTRODUÇÃO

Na parte 2 do presente trabalho pretende-se apresentar algumas ideias para que o leitor possa obter um melhor entendimento sobre o que são cargas hidráulicas. Busca-se, também analisar como elas podem ser monitoradas, controladas e os eventuais problemas causados pelo seu descontrole. Essas cargas normalmente são definidas a partir das medições das vazões ao longo das diversas etapas da estação de tratamento de efluentes, apenas lembrando que:

A parte 1 do trabalho abordou os seguintes assuntos:

1. Algumas definições e conceitos básicos;
2. Onde e como se pode medir e monitorar as cargas hidráulicas em uma estação de tratamento de efluentes de lodo ativado;

Essa parte 2 tratará os seguintes assuntos:

1. Na fase de tratamento biológico, quais são as faixas tipicamente utilizadas para controlar a carga hidráulica e o tempo de retenção?
2. Como se podem controlar as cargas hidráulicas excessivas?
3. Quais são os problemas e dificuldades resultantes da falta do controle das cargas hidráulicas, entrando em uma ETE e, especificamente, em um tanque de aeração?

Na fase de tratamento biológico, quais são as faixas tipicamente utilizadas para controlar a carga hidráulica e o seu tempo de retenção?

Em relação ao tempo de detenção hidráulica, o autor Marcos von Sperling apresenta as seguintes informações:

- Lodos ativados convencionais: t = 6 a 8 horas (< 0,3 dias);
- Aeração prolongada: t = 16 a 24 horas (0,67 a 1,0 dias)[5]

Convertendo-se estes valores para a carga hidráulica volumétrica, CHV, obtém-se:

CHV = carga hidráulica volumétrica (m^3/m^3.d)

- Lodos ativados convencionais: 0,125 a 0,166 m^3/m^3.h (3,0 a 3,98 m^3/m^3.d);
- Aeração prolongada: 0,042 a 0,063 m^3/m^3.h (1,00 a 1,50 m^3/m^3.d).

Comparando os valores apresentados nas tabelas que foram inclusas na parte 1 que abordou o mesmo tema, com os valores estipulados por von Sperling, é possível observar que nas estações de tratamento de efluentes das indústrias de celulose, os valores aplicados são coerentes. Também é possível perceber, que uma estação de tratamento de efluentes do tipo Attisholz é fisicamente mais compacta, se comparada com uma estação de tratamento de efluentes de aeração prolongada.

Como se podem controlar as cargas hidráulicas excessivas?

Do ponto da visita operacional da ETE, basicamente, existe somente uma opção para controlar as cargas hidráulicas eventualmente excessivas. A opção seria utilizar volumes livres existentes nas lagoas de emergência para estocar o excesso de volume do efluente bruto, mesmo que o efluente não se encontre aquém dos parâmetros de seu tratabilidade. Esta opção funcionará por um tempo limitado, pois, eventualmente, as lagoas de emergências vão se tornar cheias, e não poderão ser mais utilizadas para controlar a vazão do efluente.

Uma segunda opção mais dramática seria de reduzir ou limitar a produção de celulose e papel! No caso de emissões de quantidade de efluentes excessivos por períodos longos (meses ou anos), esta opção permite uma melhor avaliação dos custos e benefícios, quanto aos investimentos em uma ampliação do tamanho da ETE, ou em melhorias no processo produtivo para reduzir a vazão do efluente gerado.

Quais são os problemas e dificuldades resultantes da falta do controle das cargas hidráulicas, entrando em uma ETE e, especificamente, em um tanque de aeração?

Existem duas situações operacionais principais, que podem criar problemas em relação às variações das cargas hidráulicas.

A primeira situação é a mais importante e ocorre com maior frequência. Essa situação ocorre quando as quantidades das cargas hidráulicas são excessivas, e são maiores dos valores considerados no projeto original da ETE. Também, essa situação pode ser acompanhada, ou não, com picos (variações na vazão) grandes e frequentes.

Como explicado anteriormente, cargas hidráulicas volumétricas excessivas implicam em tempos de retenção hidráulicas reduzidas. Assim, além de causar uma redução na eficiência da remoção dos poluentes dentro do efluente (DBO5 e DQO), a qualidade do lodo também será reduzida. O lodo tenderá ser mais "fofo" e menos compacto, com um IVL mais alto. Essa situação, acoplada ao próprio aumento da vazão, criará muitas dificuldades na manutenção de uma quantidade de biomassa (sólidos) suficiente dentro dos tanques de aeração. Também, os clarificadores secundários não serão capazes de adensar o lodo adequadamente. Finalmente, haverá um aumento de sólidos suspensos no efluente tratado e dificuldades no desaguamento do excesso de lodo gerado. O controle operacional da estação de tratamento de efluentes será perdido.

A segunda situação é menos importante, e ela ocorre com menor frequência. Essa situação acontece quando as quantidades das cargas hidráulicas são menores do que os valores considerados no projeto original da ETE. Essa situação normalmente não é acompanhada com picos (variações na vazão), e frequentemente ocorre durante paradas prolongadas das áreas produtivas.

Também, como explicado anteriormente, as cargas hidráulicas volumétricas menores do projeto, implicam em tempos de retenção hidráulicas aumentados. Quando o tempo de retenção se torna excessivo, a qualidade de lodo, também sofrerá uma redução. Mas neste caso, o lodo tenderá ser mais mineralizada e ficará mais fino. O efluente tratado poderá ficar com um aspecto turvo, e, também os sólidos suspensos poderão aumentar. Essa situação pode ser descrita por meio do termo inglês "pin floc", ou numa tradução literal, denominada de pontos de alfinetes.

No caso das estações de tratamento que tenham mais do que um tanque de aeração, a solução do problema de um tempo de retenção hidráulico excessivo, seria de isolar um ou mais destes tanques. No caso onde somente existe um tanque de aeração, o tempo de aeração poderá ser reduzido, efetivando a aeração do lodo e o efluente durante intervalos de algumas horas, e deixando a aeração desligada durante os outros intervalos. Em casos onde o tempo de retenção reduzido é extenso, será necessária uma otimização na extensão dos intervalos de tempo de aeração e de descanso. Essa otimização necessariamente terá que ser acompanhada por uma avaliação microscópica regular do lodo e efluente que estão sendo aerado.

CONCLUSÕES

Nessa parte 2 foram tratados assuntos referentes à carga expressa em metros cúbicos de efluente por hora ou por dia, entrando e saindo de uma estação de tratamento de efluentes de lodo ativado, de fábricas de celulose moderna. Foram discutidos os seguintes tópicos:

1. Qual é a faixa ideal de controle das cargas hidráulicas encontradas na entrada e na saída da fase de tratamento biológico?
2. Como se podem controlar as cargas hidráulicas excessivas?
3. Quais são os problemas e dificuldades resultantes da falta do controle das cargas hidráulicas, entrando em uma ETE e, especificamente, um tanque de aeração?

ENTREVISTA PELO SITE CELULOSEONLINE

De gambá para cientista de jaleco branco: veja a história do mestre David C. Meissner

"Um dos aspectos da minha educação nos EUA e que trouxe comigo para o Brasil foi que a minha educação formal poderia terminar, mas que eu nunca deveria parar de aprender"

Leitor do CeluloseOnline, você muito provavelmente já deve ter visto em nosso site, nas nossas mídias ou em nosso boletim artigos referenciais sobre o **tratamento de efluentes**. Pois bem, o tema está sendo descrito há quase um ano por **David C. Meissner**, um conhecedor do setor que firmou conosco uma parceria: ganhamos em conteúdo e ele, em experiência.

Isso não quer dizer que David precise de mais experiência, afinal, é formado em química pela *Michigan State University*, nos Estados Unidos, com mestrado em química orgânica, no ITA, em São José dos Campos (SP). Além de ter colecionado conhecimentos profissionais na Inquibras, Laboratório Libbs, *Promon Research Center*, *Wacker Chemi*, e por fim na Fibria (até então Votorantim) e Centroprojekt do Brasil. Atualmente, além de escrever artigos, David tem sua própria empresa, a **DCMEvergreen**, uma assessoria ambiental que presta serviços de consultoria e treinamento na área ambiental, com desenvolvimento de projetos, administração, treinamento, controle e auditoria.

Então, se você quer relacionar o setor com a crise, econômica e hídrica, saber sobre a importância ambiental, os manejos, entre outros assuntos importantes, ninguém melhor do que o próprio David para esclarecer as dúvidas. Aqui, fizemos um bate papo com o consultor; veja quem ele é e o que ele pensa.

CeluloseOnline - Como surgiu o gosto pela questão ambiental?

David C. Meissner - As condições de trabalho na indústria química, tanto em relação à saúde dos trabalhadores quanto às emissões ambientais eram muito precárias quando imigrei em 1973 para Brasil e comecei a trabalhar aqui. Inicialmente, tive que aprender mais sobre o uso dos três R's: reduzir, reutilizar e reciclar, pois, era necessário controlar as emissões ambientais no local em que eu trabalhava.

Apenas como exemplo, trabalhávamos com compostos a base de enxofre, o que gerava emissões de gases que exalavam um forte odor. Essa situação por mim vivida cotidianamente contribuiu para que eu fosse apelidado de "*gambá*". Por essa e outras razões comecei a tomar gosto pela área do meio ambiente, pois sentia que poderia contribuir profissionalmente com melhorias ambientais, particularmente no Vale do Paraíba (SP), mas também em outas regiões e estados do Brasil.

CeluloseOnline - E a escolha pelo curso de química?

David C. Meissner - Desde os 12 anos fiquei fascinado com fotos de cientistas de jaleco branco trabalhando num laboratório químico com os tubos de ensaios e as colunas de destilação. Essa fascinação nunca me deixou apesar de meu trabalho na indústria Papel Simão, estar concentrado mais em um escritório ou dentro das áreas produtivas. Porém, sempre mantive contatos com os laboratórios da fábrica, trocando informações, experiências e me envolvendo com os aspectos analíticos do meio ambiente, pois, sentia que a pesquisa era vital para a proteção do meio ambiente. Quero enfatizar com isso que a proteção e o gerenciamento ambiental têm que ser fundamentada em informações físicas, químicas e biológicas.

CeluloseOnline - Como foi cursar a graduação nos Estados Unidos?

David C. Meissner - Nasci no estado de Pensilvânia, mas com 5 anos mudei para a região de Detroit, Mi. Aí, vivi uma juventude tradicional, com oportunidades educacionais muito boas, quando comparadas com as encontradas no Brasil. Todavia, não diria que foram excepcionais. Minhas faculdades, *Michigan Technological University* por 4 anos (MTU) e *Michigan State University* (MSU) por 1 ano, foram e ainda são, muito rigorosas. Numa escala de notas de 0 a 10, o aluno precisava uma média de 7 para passar o ano. Também é importante enfatizar, que não era suficiente "passar" o ano, mas sim, de obter uma nota média maior possível. Como a MTU encontra-se localizada numa península que se projeta dentro da grande lagoa Superior, (divisa com o Canadá), os invernos também forem muito rigorosos, com as temperaturas chegando ao -30°C. Este clima me ajudava a manter incentivado e com tempo para estudar!

CeluloseOnline - E como foi aplicar esses conhecimentos no Brasil?

David C. Meissner - Um dos aspectos da minha educação nos EUA e que trouxe comigo para o Brasil foi que a minha educação formal poderia terminar, mas que eu nunca deveria parar de aprender. Também a minha facilidade de ler e falar inglês se tornou valiosa. Logo percebi que era necessário incentivar os engenheiros brasileiros que eles teriam que dominar o inglês, e estar sempre aprendendo conceitos e tecnologias novas.

Os fatos específicos e técnicos que aprendi na minha faculdade acabaram deixando de ser tão importante ao longo do tempo. Mas a minha vontade e necessidade profissional de continuar a aprender é que me levou a fazer meu mestrado em química. E foi somente na ITA, que posso dizer que aprendi a estudar mesmo, e até de "gostar" de estudar. Nos EUA, estudar era uma obrigação e muitas vezes, chata. Também percebi que aprendia muito mais trabalhando em equipe, cima de problemas reais e práticos, integrando com a literatura acadêmica.

CeluloseOnline - Como você analisa a atual crise, econômica e hídrica, no país?

David C. Meissner - Como não sou eleitor brasileiro, não me sinto qualificado para comentar muito sobre esse assunto, pois nunca votei nós vários políticos responsáveis ou irresponsáveis pela crise atual. Porém, mesmo assim, vou expor alguns dos meus pensamentos.

Entendo que a crise atual em São Paulo era previsível. Numa forma geral, a falta de investimentos no tratamento das águas sempre me deixou triste. Só por exemplificar: apesar de muitas promessas, a população convive ao longo de décadas com o descaso em relação a poluição nos rios Tiete e Pinheiros. Então, entendo que não é uma questão somente do momento atual, ou qual político ou partido é responsável. Acho que todos nós (mesmo eu, brasileiro por adoção própria) temos responsabilidade de cuidar de nosso meio ambiente e educar nossos filhos e netos sobre essa necessidade. Temos que procurar informações para que possamos opinar e agir nos problemas ambientais, tanto de forma técnica, quanto de forma econômica e política.

Acho que é obrigação de todos pagar as taxas e impostos para que tenhamos água limpa e esgoto tratado, sem exceção, mas conforme as condições financeiras de cada um. Mais também é importante e nossa obrigação fiscalizar e cobrar resultados adequados no uso de nossos impostos e taxas.

CeluloseOnline - Nesse sentido, qual a importância do tratamento de efluentes?

David C. Meissner - Existe uma expressão em inglês cuja tradução pode ser: "Fora da vista, fora da mente". Por exemplo: cada vez que damos uma descarga, o assunto será esquecido. Não deve ser assim. O tratamento de efluentes industriais é importante, mas os efluentes domésticos são de suma importância. E isso não é só para preservar o meio ambiente, mas para permitir a reutilização da água.

Citando só um exemplo: o tratamento insuficiente do esgoto doméstico pelos responsáveis na região de Mogi das Cruzes (SP), acaba acarretando mais perdas e dificuldades para a utilização da água do rio Tiete pelos habitantes da cidade de São Paulo. E por sua vez, a tratamento insuficiente do esgoto doméstico pelos responsáveis da São Paulo acaba acarretando ainda mais perdas e dificuldades nas cidades seguintes do rio.

Ainda com as tecnologias mais modernas e cada vez mais econômicas, o tratamento dos efluentes permite sua reutilização na região onde os esgotos e efluentes são gerados. A tendência deverá ser reutilizar, e não procurar construir sistemas de captação longe do ponto de uso, como a construção de adutoras muito longas. Gostaria de colocar duas perguntas e não as responder: A quem interesse a construção de grandes obras para transportar água? Obras de menor porte e tecnologicamente mais avançadas não poderiam atender a demanda para água limpa?

CeluloseOnline - Como foi o seu começo no setor de Celulose e Papel?

David C. Meissner - Em 1990, mesmo sem formação específica, tive a oportunidade de trabalhar como Engenheiro Ambiental na antiga Papel Simão, agora unidade de Jacareí da Fibria. No meu segundo dia de trabalho, houve uma passeata do povo da vila perto na porta da fábrica. Elas reclamavam do mau odor vindo da fábrica. Novamente, voltei de ganhar o apelido de "Gamba"! Tive que aprender rapidamente muita coisa sobre as emissões atmosféricas de uma fábrica de celulose e, também aprender sobre o próprio processo Kraft de fábrica a celulose. Tenho que agradecer muito meus amigos daqueles dias pela paciência que mostraram comigo.

CeluloseOnline - De que forma o tratamento de efluentes é importante para uma empresa do setor de Celulose e Papel?

David C. Meissner - Pelo menos as grandes indústrias do setor, estão entendo a necessidade de assumir uma posição "sustentável" frente o uso da água e o tratamento de efluentes. Antes, bastava atender as exigências legais quanto seu lançamento no meio ambiente, e fazer isso de forma mais econômica possível. Agora, a redução do uso da água na produção se torna cada vez mais importante. E com as tecnologias modernas disponíveis, não somente no tratamento do efluente, mas também nos próprios processos da fabricação de papel e celulose, a redução e reutilização dos efluentes está acontecendo. Pessoalmente, estou feliz por participar deste progresso das indústrias no Brasil.

CeluloseOnline - Como está o Brasil na questão da tecnologia utilizada no tratamento de efluentes?

David C. Meissner - Quando comecei a trabalhar na fábrica de Papel Simão em Jacareí no ano 1990 o consumo da água era mais de 120 m■ ADT para produzir cerca de 350 toneladas de celulose por dia. Agora a mesma fábrica produz quase 10 vezes mais celulose por dia, com o uso da água cerca de 20 m■/ADT. É uma melhoria muito significativa, obtida pelos investimentos tanto tecnológicos quanto em melhorias gerenciais.

Os outros grandes fabricantes de celulose e papel obtiveram resultados similares ou melhores ao longo destes anos. E todas estão trabalhando e investindo em melhorias para tornar seus processos de fabricação ainda mais sustentável. No passado, os custos do tratamento de efluente muitas vezes forem minimizados e contabilizados de uma forma isolada. Agora se percebe uma tendência de integrar cada vez mais os custos do tratamento de efluentes com os outros aspectos produtivos da fábrica, como a exemplo no controle das perdas setoriais, na geração e destinação dos resíduos sólidos e no consumo e geração da energia eléctrica.

---

[1] http://celuloseonline.com.br/tratamento-de-efluentes-david-meissner-importancia-de-oxigenio-parte-2/. - Acessado 26/08/2015

[2] Martin Wanielista, Robert Kersten and Ron Eaglin. 1997. Hydrology Water Quantity and Quality Control. John Wiley & Sons. 2nd ed.; http://www.ajdesigner.com/phpflume/parshall_flume_equation_flow_rate.php. - Acessado 27/08/2015.

[3]

https://www.google.com.br/url?sa=t&rct=j&q=&esrc=s&source=web&cd=12&cad=rja&uact=8&ved=0CGoQFjALahUKEwiY-

s2N6MnHAhWEEpAKHZOzCcc&url=http%3A%2F%2Fftp.demec.ufp
r.br%2Fdisciplinas%2FTM117%2FCap-7-
Vaz_o.ppt&ei=R0zfVdi6NISlwAST56a4DA&usg=AFQjCNGU4Y9GvNq
OOFV3zG6aRc4x9WzLvg. – Acessado 27/08/2015.

4

https://www.google.com.br/url?sa=t&rct=j&q=&esrc=s&source=web
&cd=1&cad=rja&uact=8&ved=0ahUKEwj0r4m-
i73JAhXFGJAKHTjyBNYQFgghMAA&url=http%3A%2F%2Fwww.ifba.
edu.br%2Fprofessores%2Fdiogenesgaghis%2FTE_Tratamento%25
20de%2520Efluentes%2FApostila%2520Tratamento%2520de%252
0Efluentes.doc&usg=AFQjCNE9OA1BFko406ipQNFH2i_rLLEKMA&si
g2=zU43HCu4i86lgIu_PfvESQ&bvm=bv.108538919,d.Y2I.   Acessado
2/12/2015.

5 http://www.ebah.com.br/content/ABAAABkP0AH/lodos-ativados-
von-sperling . Acessado 10/12/2015.

www.ingramcontent.com/pod-product-compliance
Lightning Source LLC
Chambersburg PA
CBHW051323220526
45468CB00004B/1469